BASICS

DESIGN AND LIVING

설계와 주거공간의 기초

BASICS

DESIGN AND LIVING

설계와 주거공간의 기초

Jan Krebs 저

남수현 옮김

Spacetime

차례 CONTENTS

머리말

"주택디자인"은 보통 건축대학과정 저학년에서 가장 먼저 접하게 되는 디자인 프로젝트 주제이다. 주거라는 영역이 학생들이 평소에 항상 경험했던 익숙한 건축유형이기 때문에 접근하기에 쉬워 보일 듯하지만, 좋은 디자인을 위해 학생들은 궁극적으로 자신이 관습적으로 알고 있는 주거에 대한 생각들을 버리고 새로운 개념concept이라는 틀을 통해 주거라는 디자인 영역에 접근하여야 한다. 생활공간을 디자인할 때, 디자이너는 자신의 필요에 따라 디자인하는 것이 아니라 최종 사용자를 고려하여야 하는데 사용자/대중의 가치와 경험의 수준/기대는 디자이너와는 크게 다를 수 있다. 주거공간은 사용자들이 자신만의 공간을 자신들의 의지에 의해 생활할 수 있도록 계획되어야 한다. 이는 전반적인 주거환경에만 적용되는 것이 아니다: 거주자가 편하고 집처럼 느끼게 하기 위해서는 개별적인 생활공간 하나하나의 디자인 또한 무척 중요할 것이다.

"BASICS" 시리즈는 독자들이 접하는 새로운 영역에 대해서 가장 근본적이고 중요한 요점을 하나하나 집어내는 것을 목표로 한다. 광범위한 전문가적 지식 개론을 펼쳐놓는 것을 피하며 학생들이 쉽게 이해하면서도 가장 중요한 질문과 그 영역의 중요변수들을 놓치지 않는 것이 목적이다.

따라서 "설계와 주거공간의 기초"은 주변에서 흔히 찾을 수 있는 이미 지어진 건축예시를 제시하지 않는다. 또한 주거공간에 대한 이상적이고 편향된 시각을 소개하는 것도 자제하는데 오늘날 주거는 사용자의 구체적인 요구나 변화하는 사회적 혹은 환경적인 요소에 의해 시시각각 변화하고 있기 때문이다. 대신 "설계와 주거공간의 기초"는 가장 근본적인 개념, 각각의 생활영역들이 결합되는 방식 그리고 건물형태의 유형들을 설명한다. 이 책의 목적은 독립공간, 생활공간 그리고 주거공간들의 유기적인 접근방법을 설명하여 이 지식을 통해 자신만의 주거 디자인 작업을 유능하고 분별 있게 계획하는 것을 돕는 것이다.

이 책은 주거디자인이라는 복잡한 주제를 좀 더 쉽게 접근할 수 있게 돕는 것이 목적이며 이는 주거의 가장 근본적인 가치를 강조함으로서 이루어진다. "기본BASIC"에서는 일반적인 조건들과 이에 대한 디자인 방향의 예시를 들어주고 있다. "주거의 요소" 에서는 주거의 다양한 사용 용도와 기능을 설명하며 이에 필요한 일반적이고 특정한 요구사항들을 점검한다. 마지막 장 "건축유형"에서는 도시적 문맥의 접근 방식이 주거 생활에 어떤 영향을 미치는지 살펴보고 접근방식의 기본들을 설명한다.

베르트 비엘레펠드, 편집자

0. 서론: 집이란 무엇인가?

"주거"라는 어휘는 매우 다양한 욕구와 필요요소들을 담고 있다. 주거는 수면, 요리, 식사 그리고 위생을 위한 다양한 공간으로 구성된다. 주거의 삶은 이런 문맥에서 상당히 일상적이라 생각되지만 그렇다고 중요하지 않은 것은 분명 아니다. '주거안의 삶' 은 사람들이 자신을 정의하는 중요한 방법 중 하나이기 때문이다. 한 인간이 어디서 살지 결정하는 것은 그들의 선호 및 취향, 경제적 한계 등을 여실히 드러낸다. 주거의 크기, 형태 그리고 가구가 어떻게 배치되어 있는가에 따라 그 안에 살고 있는 사람들의 마음상태는 변한다. 주거는 휴식을 위한 장소인 동시에 소통의 장소이기도 하다. 이 소통은 내향적이기도 하고 외향적이기도 하다. 근본적으로 성격이 다른 다양한 이벤트들이 동시에 발생하기 때문에 선택 없이는 이 모든 행위를 한 집에 담는 것도 불가능하다.

또한 주거는 한 개인의 시간적 변화와도 연관된다. 이는 사회에서 인간의 성장에 따른 발전단계를 통해 알 수 있다. 유년시절에서 청소년으로, 학생에서 직장인으로, 그리고 결혼과 은퇴. 이런 인생의 단계는 각 단계에 따른 각각의 다른 요구가 있으며 이는 주거의 환경의 변화로 보인다. 주거는 이런 인생의 변화 단계에 가능한 적합하도록 계획되어야 한다. 그러나 이런 가능성은 항상 제한적이다. 어떤 경우엔 같은 집에서 살면서 고치고, 확장하고 개량하는 것보다 다른 집으로 이사하는 것이 훨씬 더 효율적이다. 주택시장에는 다양한 형태와 가격의 주택들이 있지만 그렇다고 해서 자신에게 맞는 주택을 찾는 것이 쉬운 것은 아니다. 우리는 주거에 대한 매우 명확한 자신만의 기준을 갖고 있으며 단지 경제적이고 시간적 상황에 의해 생기는 한계만을 받아들인다.

주거 공간을 계획하는 행위는 단지 필요한 기능과 건축비용만을 고려해서는 안 되며 생활의 질을 높이기 위한 생각이 포함되어야 한다. 또한 거주자의 요구는 디자인의 가장 중요한 토대가 되어야 한다. 만약 특정한 사람을 위해, 즉 누가 거주할지를 인지한 상황에서 계획을 한다면 거주자의 요구를 직접적으로 알 수 있기 때문에 주거공간은 꼭 맞추어 계획될 수 있다. 임대주택이나 개발지역에서와 같이 미래의 거주자를 알 수 없는 경우에는 건축가는 목표하는 거주자들의 일반적인 요구사항을 고려하여 디자인하여야 한다. 이런 경우 다양한 사용행태를 위한 유연하고 기본적인 평면을 고려하는 것이 일반적이며 입주 후 개인적인 성향에 의해 바꿀 수 있는 여지를 남겨 두어야 한다. 그러나 한편으론 동시에 주택시장과 수요에 대한 장기적인 고려도 염두에 두어야 할 것이다.

세상에는 여러 다양한 형태의 주거형태가 있으며 앞으로도 꾸준히 공존할 것이다. 지역에 따른 환경조건 – 예를 들어 지형이나 재료 등의 자원 –이 많은 영향을 끼치며 또한 지역의 문화적인 상황 또한 다를 것이다. 사막지역에서는 온난화 기후와는 고려되어야 할 요소가 다를 것이며 밀도가 높은 도시에서의 요구는 한적한 지역과 다를 것이기 때문에 세계의 주거문화는 다양할 수밖에 없다. 이는 주거 디자인의 기준이 지역에 따라 특정하다는 의미이지만 어느 정도의 기본적인 기준은 여러 지역에 적용되며 이런 다양함은 디자이너의 사고의 확장과 새로운 아이디어의 가능성을 열게 할 것이다. 결국 인간이야 말로 과거, 현재 그리고 미래 변화의 척도이며 이는 범세계적이다. 이런 문맥에서 주거의 역사를 살펴보는 것은 새로운 아이디어와 이미 검증된 개념들을 알 수 있는 좋은 방법이다.

현재 보이는 주거의 모습은 인류역사 속 한순간의 스냅사진에 불과하며, 미래의 변화는 예측하기 쉽지 않다. 하지만 주거건물의 수명은 몇 세대를 넘어 지속된다. 따라서 우리는 우리 세대를 위해서만 디자인해서는 안 되며 후세대까지 생각해야 한다. 건축의 미학적인 측면은 건물자체의 성능quality, 기능 그리고 다양한 유연성에 비교하면 그 영향이 크지 않다. 한 사회의 요구와 필요가 그 시대에 맞는 주거의 기본이 된다. 가장 오래갈 수 있는 거주의 성능을 만들기 위해서 이 기본은 지속적으로 검토되어야 할 것이다.

"주거란 무엇인가"에 대한 대답은 일반적 필 요외에 각 개인이 가지고 있는 변화무쌍한 생각으로 인해 하나의 대답이 완전할 순 없다. 따라서 독자는 자신에게 주거가 무엇인지를 자신에게 되물어야 한다. 이를 통해 자신의 개념과 독보적인 접근방식을 찾을 수 있을 것이다. 이 책은 이런 질문을 던지는 독자를 돕기 위해 만들어 졌다.

1. 기본사항들

주거 디자인은 주택의 내부와 외부의 다양한 요인에 의해 영향을 받으며 궁극적으로 삶의 다양한 행위와 기능을 엮어 만들게 된다. 이런 상황에서 가장 중요한 요소들은 개인의 기본적인 요구, 주택의 지역적 위치 그리고 디자인 접근방법의 원리이다. 모든 주택의 중요한 고려사항을 요약하면 다음과 같다.

1.1 라이프 사이클

인간의 라이프 사이클
Human life cycles

주택의 다양한 요구사항은 인간의 라이프 사이클과 관계되는데, 이는 인간이 살아감에 따라 각 단계에 맞추어 요구와 필요가 변화하기 때문이다. 만약 주택의 구조가 이런 새로운 단계에 적응할 수 없다면 더 이상 실용적이지 않게 되며 거주자는 다른 대안을 찾아야 한다. 따라서 초기 계획 단계에서부터 인생의 여러 단계를 고려하는 것이 중요하다. 이상적인 주거는 어린이, 노인 그리고 장애자에게 모두 적합하겠지만 현실적으로 이런 다양한 요구를 동시에 만족시키기는 불가능하며 꼭 그럴 이유도 없다. 예를 들어 2층 이상의 모든 건물에는 엘리베이터를 설치하는 것이 이상적이지만 경제적으로 실행이 쉽지는 않다. 하지만 현실적 대안을 합리적으로 실현시킬 수는 있으며 적어도 앞으로의 변화를 고려하여 계획될 수 있다. 예를 들어 스위치나 전기콘센트 그리고 창이나 문의 손잡이는 휠체어 장애인이나 아이들이 쓸 수 있게 위치를 정할 수 있다. 또한 노인이나 장애인을 위해 주택이 변화되도록 미리 앞으로 개량할 공간이나 요소들을 설치할 수 있는 여지를 남길 수도 있다. 너무 좁은 복도나 한 층에서의 필요 없는 바닥의 높낮이차등은 디자인 단계에서 점검되어야 하며 이런 미학적 접근이 이후 거주자의 변화를 수용할 수 없게 하는 경우가 많기 때문이다.

무장애 주택
Barrier-free housing

무장애 고려도 주거의 중요한 요소이다. 무장애 디자인은 한 장소나 건물을 어떤 조건의 인간이라도 사용할 수 있도록 하는 계획이다. 제한적 육체조건 때문에 건물 사용에서 배제되는 것은 바람직하지 않다. 같은 맥락에서 무장애 주택은 모든 이들이 주거할 수 있어야 하며 또한 그 안에서의 생활이 자주적일 수 있도록 계획되어야 한다. 이런 유형의 사람으로 시각장애인, 지체부자유 장애인, 노인, 아이들 등을 들 수 있을 것이다. 모든 주택이 무장애 공간으로 계획될 필요는 없겠지만 차후 변경을 통해 언제든지 가능하도록 고려하는 것은 중요하다.

건물의 사용주기
Use cycles for homes

건물 자체도 라이프 사이클, 혹은 사용주기를 통해 이해되어야 한다. 대부분의 주거건물은 몇 십년동안 사용되며 몇 년 간격으로 개조되거나 보수되어 건축의 품질을 유지하고 변화하는 요구에 따라 개축되기도 한다. 만약 이런 건물의 주기를 거주자의 라이프사이클과 맞출 수 있다면, 계획단계에서부터 후에 개조될 여지를 고려할 수도 있을 것이다. 이런 방식을 통해 주택은 거주자의 변화하는 요구에 대응할 수 있을 것이며 이는 단순히 장기적인 경제적 요소뿐만 아니라 변화하는 요구와 필요한 수정 또한 예측될 수 있다.

1.2 향(방위)

자연광
Natural Light

주택의 가장 중요한 척도 중 하나가 자연광 유입이다. 자연광을 끌어들이기 위한 개구부(역주: 벽, 바다 또는 지붕에 형성된 구멍-대표적으로 창과 문-을 개구부라 부른다. 개구부는 기능적 또는 시각적인 이유에서 공간들을 서로 연결하며 이에 따라 공간들 간의 관계를 설정한다)의 크기에 따라 주거의 조건은 확연히 달라진다. 또한 자연광이 동서남북 어느 방향에서 유입되는가도 중요하다. 건물의 에너지 계획은 또한 태양의 상대적인 위치에 따라서도 결정된다. 태양광은 계절과 기후지역에 따라 창을 통해 방으로 직접 끌어들여지기도 하며 또는 과열과 눈부심을 피하기 위해서 차양 등을 이용해 직접차단 되기도 하며 수목, 차양시설, 발코니나 내민 지붕 등을 통해서 간접적으로 차단되기도 한다. 때론 경우에 따라 작은 창이나 아예 창을 두지 않는 것이 더 합리적일 수도 있다. 이는 추운 지역에서 많이 사용되는 기법인데 건물의 북쪽 창을 통해 많은 에너지 손실이 발생하기 때문이다.

\\ 힌트:

국제 및 각 나라의 기준들은 무장애 주택을 디자인하는 가이드라인을 제공하고 있다. (역주: 한국토지주택공사의 공동주택의 공동시설에 대한 무장애 설계 기준)

주택건물에 적용되는 국제적이긴 하지만 각 나라의 기준은 아직 많지 않다. 예를 들어 스위스 스탠더드(SN)에도 이런 조항은 없으며 다른 국가들도 마찬가지이다. 그러나 기준들은 언제나 바뀌고 있으며 국제기준인 ISO나 EN은 이런 기준의 통일을 위해서 노력하고 있다. 그러나 이런 기준들이 만들어 지더라도 이는 디자인에 영향을 끼치는 계획원리의 일부분만을 보여줄 뿐이다. 각 지역의 건축법 또한 매우 중요하며 실제 시공을 위해 쓰이는 재료등도 중요할 것이다. 물론 미래 거주자들의 요구 또한 중요하다.

지역적 특징
Local features

주변에 위치한 건물이나 도로 그리고 광장 open space, 혹은 특정한 지형적 특성이나 수목등도 주거 디자인에 영향을 미치며 평면의 여러 기능들의 배치에 영향을 준다. 〉 기능을 위한 영역, 기본을 참고할 것 예를 들어 복잡한 도로에서의 소음, 주변건물에서의 시선 등은 디자인 단계에서 외부 영향에 민감한 공간을 부가적인 공간으로 둘러쌓거나 창의 크기를 조절해 영향을 줄일 수 있다. 대조적으로 좋은 조망이나 조용하고 보호된 외부공간에 대해서는 입면의 개구부를 크게 열어 내부 디자인에 외부공간을 포함시킬 수도 있다.

사용시간
Use times

다양한 공간의 채광의 필요성과 주 사용시간을 분석하고 태양의 궤도와 연결시키면 방들의 배치를 합리적으로 할 수 있다. 〉 그림 1 참고 이런 방식으로 계획된 건물의 방위는 다양한 방식으로 채광되는 공간을 생성하고 동시에 실용적인 요구까지 수용할 것이다.

〉

각 방위의 특징
Points of the compass

정확히 동–서 방향, 혹은 북–남 방향의 건물배치가 향을 고려하면 가장 이상적이기는 하지만 방의 배치를 주의 깊게 배치한다면 그 중간 정도의 향도 좋은 결과를 낼 수 있다.

북쪽은 광량의 적음과 일정한 광도가 특징이다. 건축가는 이곳에 많은 자연광을 필요치 않는 시설인 입구, 저장시설이나 부가시설들을 배치할 수 있다. 태양은 동쪽에서 뜨며 특히 고도가 낮을 때 아침에 주로 쓰이는 공간을 채광 할 수 있다. 또한 주방이나 성인 침실, 화장실 등에 적합하다. 남쪽은 가장 많은 태양광을 받는다. 아이들을 위한 공간이나 식당, 테라스, 온실 등 늦은 아침부터 오후까지

\\ 힌트:
북반구의 관찰자에게는 모든 하늘의 물체들은 동쪽에서 떠오르고 남쪽에서 가장 최상점에 이르고 서쪽으로 진다. 남반구에서는 뒤집혀 진다. 동쪽에서 떠오르고 서쪽으로 지지만 북쪽에서 가장 최상점에 이르게 된다. 따라서 여기서 제공된 정보는 북반구에 한정되며 남반구에서는 반대로 적용되어야 한다.

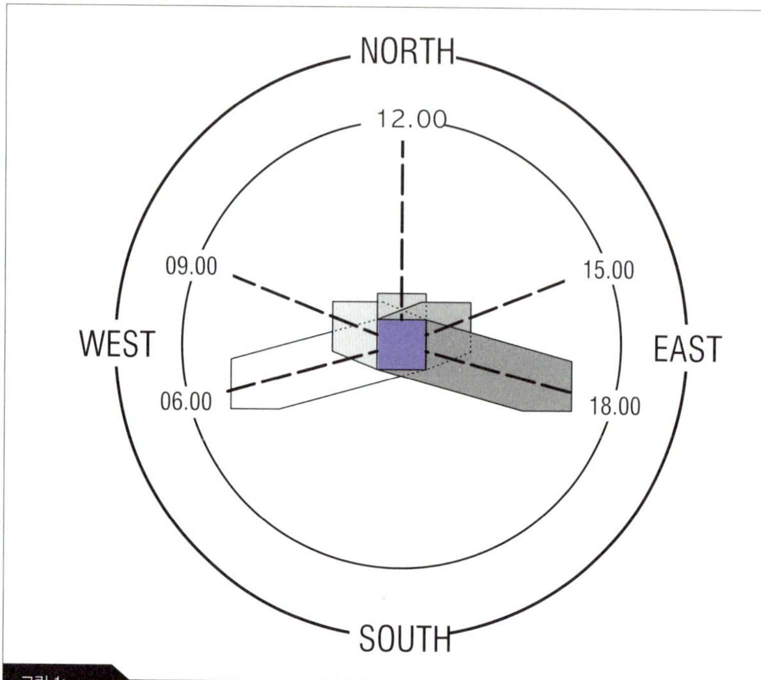

그림 1:
시간과 향에 의한 7월 중유럽에서의 태양에 의한 그림자.

주로 사용되는 공간들에 적합하다. 태양은 서쪽에서 지며 일반적인 거주공간이나 레저 공간 등 주로 오후나 저녁에 사용되는 공간에 적합하다.

1.3 다양한 사용 영역

주거는 일상적 생활을 위한 사용영역을 배치하게 되며 이 공간들이 모여 평면이 된다.

생활영역
Living areas

생활영역은 시간을 보내기에 매력적인 장소가 되어야 한다. 생활공간이 쓰이는 방식은 개인차가 크며 거주자의 삶의 리듬과 관계된다. 요구사항에는 거실과 침실 그리고 그 밖의 개인적 공간들이 포함된다. 〉 주거의 요소 장을 참고할 것.

기능적 영역
Functional areas

주방이나 화장실, 또 특수한 작업 공간 등의 기능적 영역들은 이미 그 사용 용도가 확실히 정해져 있다. 보통 수도시설과 배수시설이 필요하며 이들의 배치는 전체 주택의 구조에 큰 영향을 끼치기 때문에 시공 후에 바꾸기는 쉽지 않다. 이런 기능적 공간들로 인해 거주자들은 외부세계와 관계없이 자신만의 편리한 생활을 누릴 수 있다. 〉 주거의 요소 장을 참고할 것.

동선영역
circulation area

복도, 홀, 계단실 등의 내부적 동선공간들은 주택내부의 다른 영역들을 분리하고 연결시킨다. 동선영역의 배치와 디자인은 주거의 질적인 면에 큰 영향을 끼치는데 이는 방들 사이의 전후관계를 결정하고 위계를 부여하기 때문이다. 디자인 방식에 따라서 동선영역에는 이동 기능에 더해 다른 공간적인 성질이 부여될 수 있으며 영구적으로 혹은 일시적으로 다른 기능을 포함할 수 있다. 〉 주거의 요소 장 중 동선영역을 참고할 것.

1.4 구획 zoning

위에서 기술된 주거의 다양한 영역들 – 거실, 기능적 공간, 동선영역 – 은 서로 상호의존적이고 유기적으로 연결돼 있다. 주택은 이런 각 기능들의 영역을 묶어 구획된 영역으로 만들어 단위영역으로 계획될 수 있다. 예를 들어 침실과 화장실처럼 개인적인 공간은 묶여서 하나의 단위영역이 될 수 있다. 〉 그림 2 참고 주방과 식당 그리고 거실의 공간적 구조도 한 영역으로 묶여 주택 안에서 일상적인 영역으로 구분될 수 있다. 〉 그림 3 참고

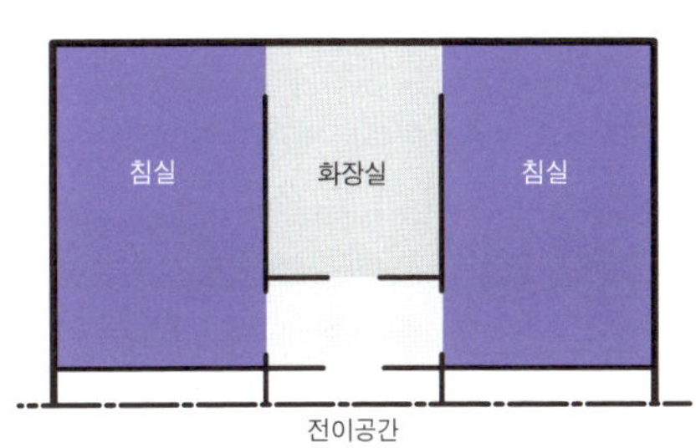

그림 2:
수면영역의 구획은 개인적인 공간들을 묶는다.

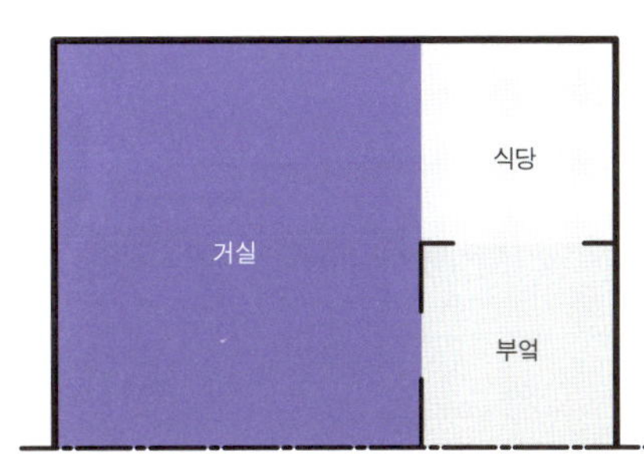

그림 3:
주방, 식당 그리고 거실 공간 등 일상적인 생활공간을 하나의 영역으로 구획한다.

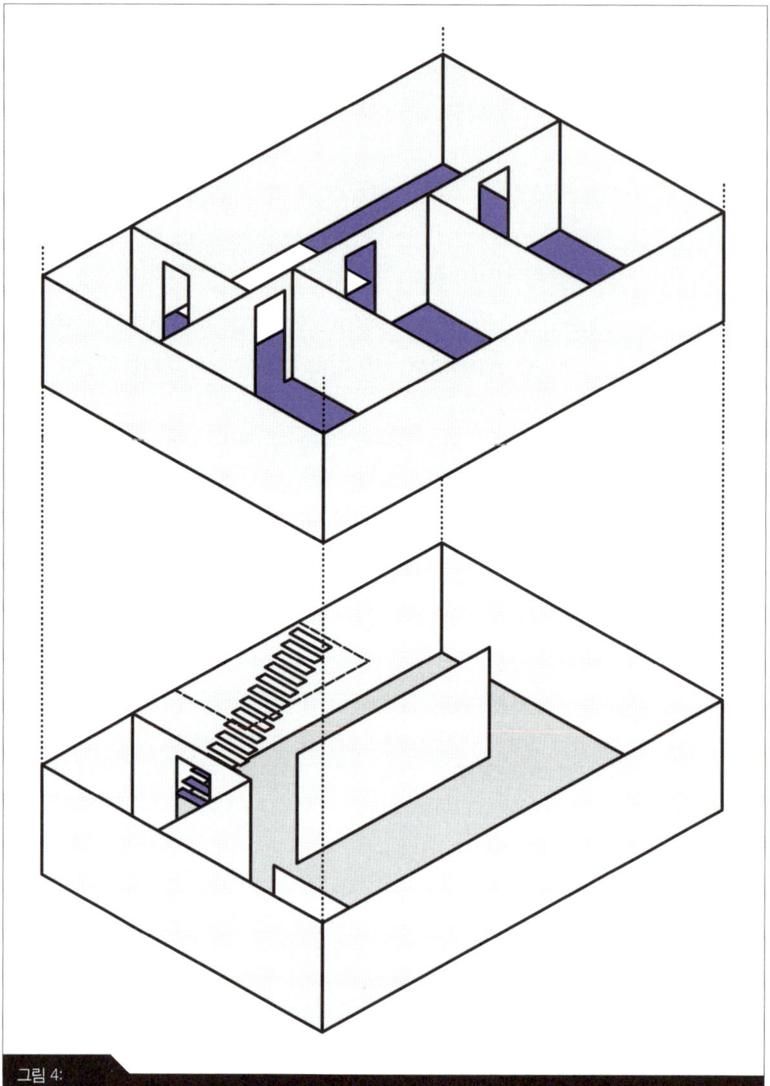

그림 4:
한 층 이상의 주거 개념은 각 층에 다른 사용영역을 할당한다. 층간의 바닥은 이런 영역들을 분리한다.

만약 좀 더 넓은 공간과 다른 차원의 사용영역이 필요하다면 한 층에서 공존하기는 쉽지 않은데 이는 면적이 늘어날수록 접근과 채광의 문제가 발생하며 또한 대부분의 경우 대지의 조건 때문에 디자이너 마음대로 건물의 외곽을 늘리는데 한계가 있기 때문이다. 한층 이상으로 주택을 계획하면 수직적으로 사용영역들을

표 1:
주거의 구획을 위한 견본 기준

일상적인 공간	↔	개인적 공간
작업 공간	↔	레저공간
거실 공간	↔	기능공간
동선 공간	↔	거실공간
성인	↔	어린이
외부와 연결	↔	내부와 연결
수직적 연결	↔	수평적 연결
외향적	↔	내향적
열림	↔	닫힘
소음	↔	고요
밝음	↔	어두움
낮	↔	밤

구획할 수 있어 각 조건에 따라 분리하기가 용이해진다. 〉그림 4 참고 예를 들면 입구 레벨은 일상적인 영역에 더욱 적합하고 좀 더 개인적인 공간은 다른 층에 위치시켜 층 구분에 의해 분리가 된다. 다층의 아파트뿐만 아니라 단독주택도 2개 이상의 층으로 계획될 수 있다. 〉기본 장의 공간 만들기와 건물형태 만들기를 참고할 것

기준
Criteria

주택의 구획을 위한 기준은 사용시간, 특별한 작업공간 그리고 거주자의 요구에 따른 연결방식 등이 있다. 다양한 기능의 배치는 주택 안에서의 요구사항 사이의 다른 공간적 특징과 대비를 만들 수 있다. 따라서 소음/고요, 닫힘/열림 그리고 내향적/외향적 등의 성질을 통해 연결을 만들고 대조시킬 수 있다. 〉표 1 참고

1.5 공간 만들기 creating space

건축계획은 영역과 3차원적 볼륨을 만든다. 다른 사용영역들을 추가하기 시작하면 2차원적인 혹은 3차원적인 연결들이 생성되어 이 사이에서 시각적인 연결, 투시도적 공간적 인상 그리고 소통가능성들이 만들어 지기 시작한다. 주택의 방들은 평면과 3차원적 볼륨에 의해 결정된다. 길이, 폭 그리고 높이는 다양한 공간적인 관계와 개인적인 요구에 따라 변화된다. 특정한 기능을 위한 하나의 방은 기능에 걸맞은 면적과 높이를 가져야 한다. 이와 반대로 방들은 매우 중성적으로 계획되어 등가 치적이고 다양한 사용이 가능하도록 계획될 수 있으며 이런 경우에 위계는 중요치 않다. 또 다른 디자인 방식으로 하나의 볼륨 혹은 공간적으로 나누어지지 않은 영역을 다양한 용도로 동시에 사용하게 하는 방식도 있다. 이런 여러

디자인 방식은 주택 전반에 적용될 수도 있으며, 한 영역에 제한되어 사용될 수도 있다.

유연성
Flexibility

주거건축의 영역에서, 유연성은 각각의 방이나 전체 주택 단위주거가 변화에 적응할 수 있는 가능성을 부여하는 것을 의미한다. 위에서 언급된 용도-중성적인 방이나 아래에서 언급될 오픈플랜open ground plan은 사용되고 있는 공간을 변경하거나 바꾸는 유연성에 대한 시작점을 제시한다.

용도에 맞는 방
Purpose-built rooms

만약 하나의 공간이 특정한 사용을 위해서 지어진다면 이는 용도에 맞게 계획되었다고 한다. 여기서는 면적, 스케일 그리고 다른 방과의 연결은 용도의 성질에 맞추어 정해져 있다. 〉그림 5 참고 단독주택 건물에서 아래와 같은 사항은 일반적이라고 할 수 있다: 거실은 보통 제일 크며 그 다음 부모침실, 아이 침실, 그리고 주방이나 화장실 등의 기능적인 영역 순이다. 이런 경우 주거자의 생각이 바뀌더라도 방의 위치를 바꾸기는 쉽지 않으며 경비를 많이 들이지 않으면 공간구획을 다시 하기란 쉽지 않다. 일반적으로 단독주택은 주거자의 필요와 요구에 따라서 계획되어지며 집의 구조의 변화를 전제로 하지는 않는다.

용도-중성적인 방
Use-neutral rooms

만약 방들이 상황, 크기, 모양에서 거의 유사하다면 이들은 용도-중성적이다. 이런 방식은 임대주택에 어울리는데 그 이유는 시간에 걸쳐 여러 거주자들에 의해 사용될 것을 염두에 두기 때문이며 이런 미래 주거자들의 변화되는 요구를 예측하기란 쉽지 않기 때문이다. 방들은 위계적으로 계획되어 있지 않으며 필요에 따라 방의 용도가 바뀔 수 있다. 〉그림 6 참고 이를 통해 1870년대부터 유럽에서

\\ 예:
건축가 아돌프 로스의 "Raumplan" (공간적 평면) 개념은 각각의 방들의 용도, 면적, 볼륨에 따라서 디자인하는 것이다. 평면을 보면 각각의 방들의 뚜렷한 독립성이 보이지만 전체적으로 보면 통일성 있는 공간구조로 이해된다. 프라하의 물러 하우스, 1930 (Muller House)

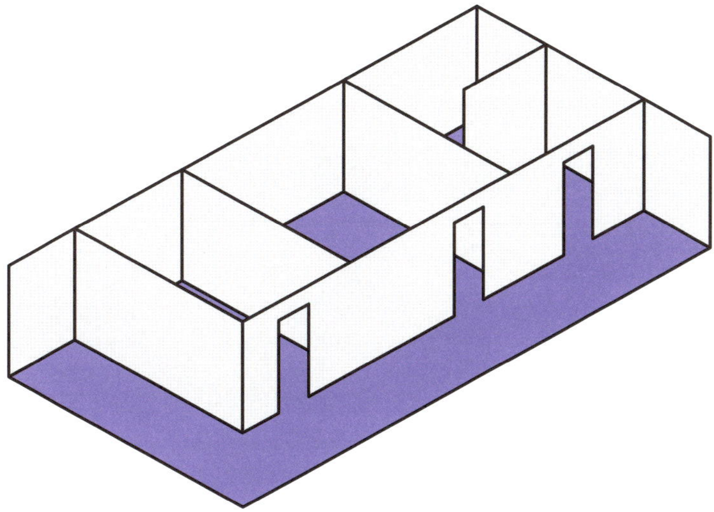

그림 5:
용도에 맞는 방은 특정한 사용에 맞게 계획되어져 있다.

개조되어 사용된 주택들의 인기를 설명할 수 있는데 이들 대부분의 주택은 용도-중성적인 평면으로 계획되어 있다. 이런 경우 내부적인 배치가 사용의도에 따라서 변경되더라도 큰 공간적인 제약 없이 변화될 수 있다. 이런 구성에서 적합한 거주자는 단지 개인이나 가족들만이 아니다. 요즘은 학생뿐만 아니라 많은 전문가 집단, 노인들도 집을 분할해서 쓰고 있기 때문에 이러한 유연성이 선호된다.

\\ 힌트:
유연한 평면은 의도에 따라서 자유롭게 나누어 질 수 있는 평면으로 구조적으로는 하중을 지지하는 구조가 내부에 없는 것을 의미한다. 즉 지붕의 하중은 오직 외부 벽이나 외부 기둥으로만 전달되어 내부의 벽들은 언제나 이동 가능한 것이다. 따라서 각 방의 분할이나 경계는 주거자에 의해서 정해질 수 있다.

하지만 경험에 의하면 주택은 사용 기간 동안 그리 큰 변화를 겪지 않는다고 한다: 주거자들은 필요가 생긴다면 차라리 이사를 하는 것이다. 이런 유연한 평면은 면적당 공사비가 상승되는 요인이 된다. 테라스 주택의 경우 대부분 경제적인 벽구조시스템 crosswall이 적용되며 이 경우 벽 사이의 공간은 자유롭게 이용될 수 있다. (건물의 형태 장의 테라스 주택 참고)

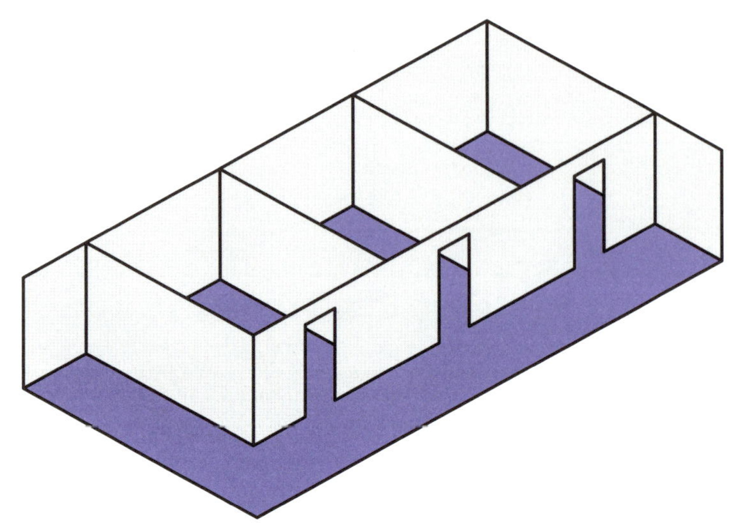

그림 6:
용도-중성적인 방의 구조의 예

오픈 평면
Open ground plans

오픈플래(열린 평면)은 다양한 주택안의 기능들을 벽과 같은 강한 분리 요소로 구분하지 않고 융통성 있는 유연한 전이transition공간을 통해 해결한다. 이 디자인 방식은 복잡한 출입access 구조와 방사이가 벽으로 분할되지 않은 넓고 균일한 공간 볼륨을 만들어 낸다. 작은 주택과 아파트들은 이런 구조에 적합한데 이는 각 단위주거의 출입을 위해 따로 면적이 쓰이지 않기 때문이다. 다른 유형에서 명확히 규정되는 공간이나 방들은 오픈플랜에서는 단순한 구획으로 규정되며 이러한 구획은 재료나 색의 구분 등으로 강조되거나 자연광이나 인공조명의 사용을 통해 구별된다. 〉 기본 장의 구획을 참고할 것 더해서 오픈플랜은 사용자에 의해서 임시적으로 (반)닫힌 공간 분할장치들divider – 열린 쉘프 유닛, (투명한) 미닫이 문이나 칸막이 –로 공간을 구획 할 수도 있으며 이는 공간적인 느낌impression을 바꾸거나 시선sight-line 차단을 가능하게 한다.

화장실과 욕실은 기능적인 영역으로 어느 정도의 고정된 위치와 독립성이 필요하지만 이런 오픈평면 디자인 방식은 이런 경계조차도 모호하게 계획될 수 있다. 예를 들어 이런 기능들을 한데 묶어 코어로서 전체평면의 중앙에 배치할 수 있다. 이런 배치는 큰 공간 안에 구조적으로 구획된 공간을 만들게 하여 이 주변으로 다양한 용도의 영역들을 상호영향을 최소화 하며 배치할 수 있다. 〉 그림 7 참고

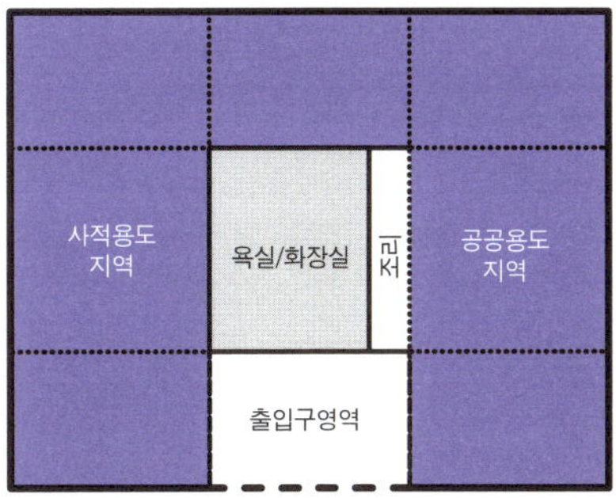

그림 7:
오픈플랜에서 기능적인 코어를 중앙에 두고 다양한 용도의 영역을 주위에 둔 예

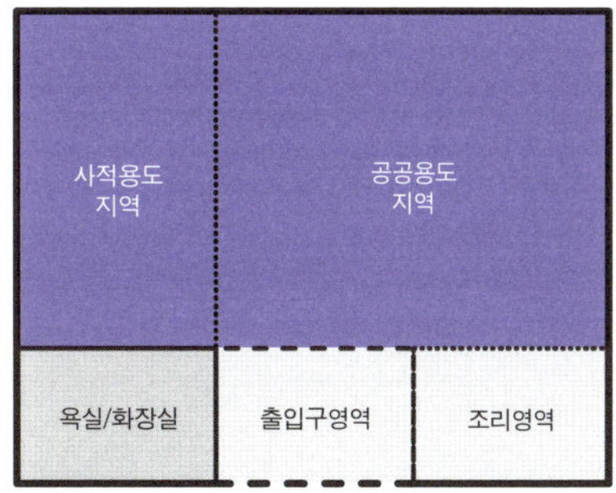

그림 8:
오픈플랜에서 용도와 기능적인 공간의 조합과 분리의 예

더불어 개인용도의 공간과 공동용도의 거실 영역은 주방과 식당과 조합되어 좀 더 관리하기 용이하면서도 넓은 공간의 느낌을 줄 수 있다. 하지만 이런 경우 외부에서 내부로 들어올 때 전이공간의 역할을 하는 출입구 부분이 만들어져 외부에서 바로 거실로 들어오지 않도록 주의하여야 한다. 〉그림 8 참고

자유로운 분할이 가능한 오픈플랜은 사용에 있어 매우 유연하며 다양한 요구와 필요에 대응할 수 있다. 2인주거나, 점점 그 비율이 높아지고 있는 1인 주거, 그리고 젊은 구성원의 가족 등은 오픈플랜에 적합한 거주자들이다. 오픈플랜은 가족구성원이 많은 경우에는 그리 적합지 않은데 이유는 소음과 사용자간의 동선의 혼선 때문이다.

비례와 천정고
Proportion and room height

방의 천정높이는 매우 주관적이며 평면과 밀접한 관계가 있다. 방의 면적이 클수록, 더 개방되어 있을수록, 천정고는 낮게 느껴질 것이다. 〉그림 9 참고

몇몇 용도의 영역은 높은 천정고에 적합하며 특히 공동용도의 일상적인 생활공간에 적합하다. 물론 각각 따로 중요한 영역들을 강조하는 것도 가능하다. 예를 들어 거실이나 식당공간이 그러한데 높은 천정고는 좋은 공간적 경험을 제공한다. 또한 주거의 다른 영역들은 좀 더 억제되고 작은 볼륨으로 계획하는 것도 필요하다. 〉그림 10 참고

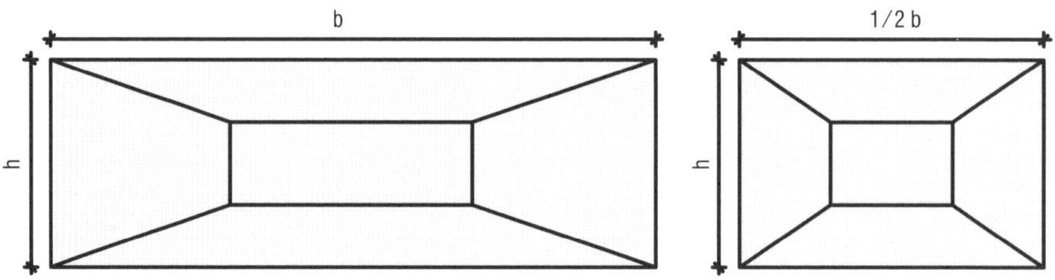

그림 9:
방의 면적이 클수록 높이는 낮아져 보인다.

같은 공간 안에서의 또 다른 레벨
Defferent levels in a room volume

방은 때로 천정고가 한 공간에서 두 층으로 나누어질 수 있을 만큼 높은 경우도 있다. 예를 들어 수면영역은 상부에 설치하고 하부는 회랑Gallery으로 사용될 수도 있으며, 혹은 하부는 일상적인 거실공간으로 사용하고 상부에는 쉴 수 있는 공간이 계획될 수도 있다. › 그림 11 참고

건축가는 공간적, 미학적 고려만으로 공간의 높이를 마음대로 정하는 것을 조심하여야 한다. 이유는 높은 층고는 공사비의 증가와 난방비의 증대를 가져오기 때문이다. 다층건물인 경우 건물전체의 높이를 규제하는 경우도 많으며 이런 경우 각 층 높이의 디자인적 자유도는 제한될 수밖에 없다.

복층 주택
Homes with more than one floor

복층 주택의 경우, 2층 혹은 그 이상의 층이 결합되어 공간적으로나 기능적으로 특별하고 변화하는 공간적 감흥을 주는 계획도 가능하다. 이 때 당연히 필요한 수직적인 동선은 계단실을 따로 두는 닫힌 계단이나 반대로 다른 공간에 열린 계단으로 계획될 수 있으며 이에 따라 수직적인 층간의 분리가 더 강화될 수도, 약화될 수도 있다. 또한 층 사이의 공간적 연결은 계단으로 제한되지 않는다. 수직으로 열린 보이드 공간으로 특정한 영역의 볼륨을 변화시킬 수도 있다. 부가적인 계단으로 연결되는 회랑을 계획하면 층간의 더 직접적인 소통을 유도할 수 있다. › 그림 12 참고

복층 주거
Maisonettes

복층 주택의 유형을 매조넷maisonettes이라고 하며 이는 마치 큰 집속에 작은 집이 있는 것처럼 보인다. ›그림 13참고 이런 유형의 주택은 회랑과 높은 층고로 특별한 공간적 감흥을 제공한다.

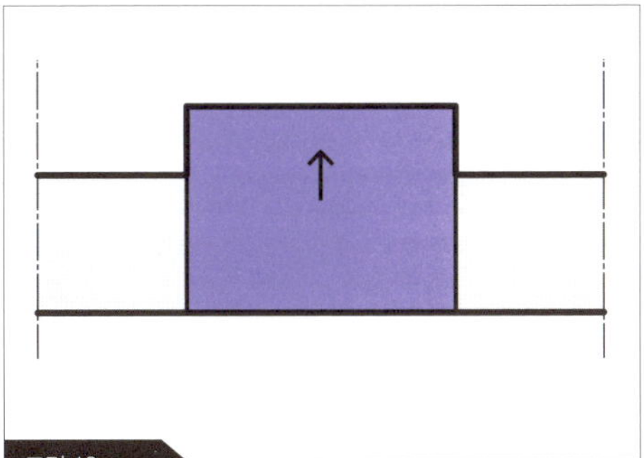

그림 10:
주거 안에 특정한 공간을 높은 천정고로 강조될 수 있다.

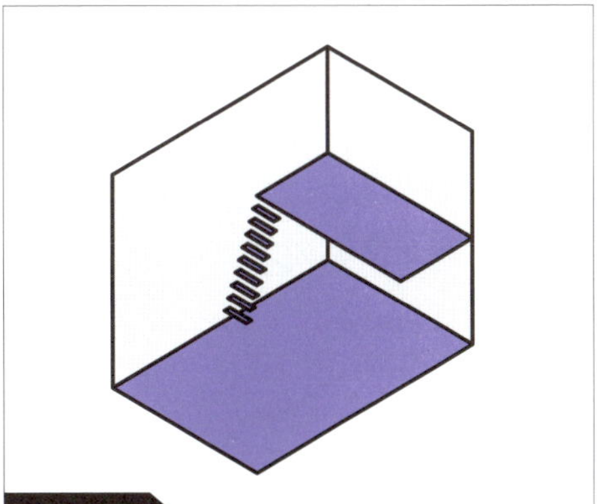

그림 11:
같은 방의 볼륨 안에서 갤러리는 두 번째 레벨을 만든다.

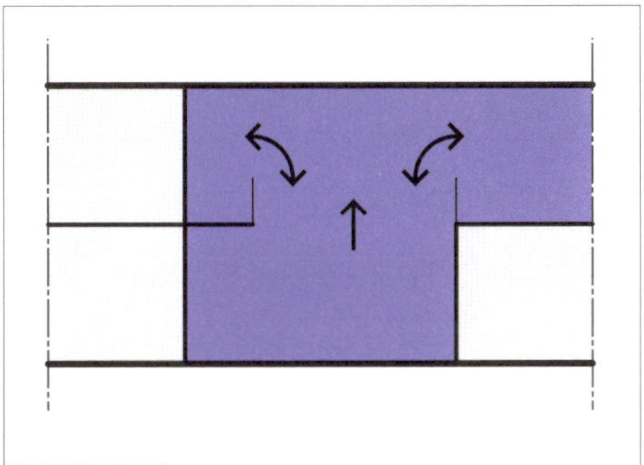

그림 12:
보이드 공간air space는 특정한 공간을 돋보이게 하며 두 층사이에 시각적으로 직접적인 소통의 기회를 만들 수 있다.

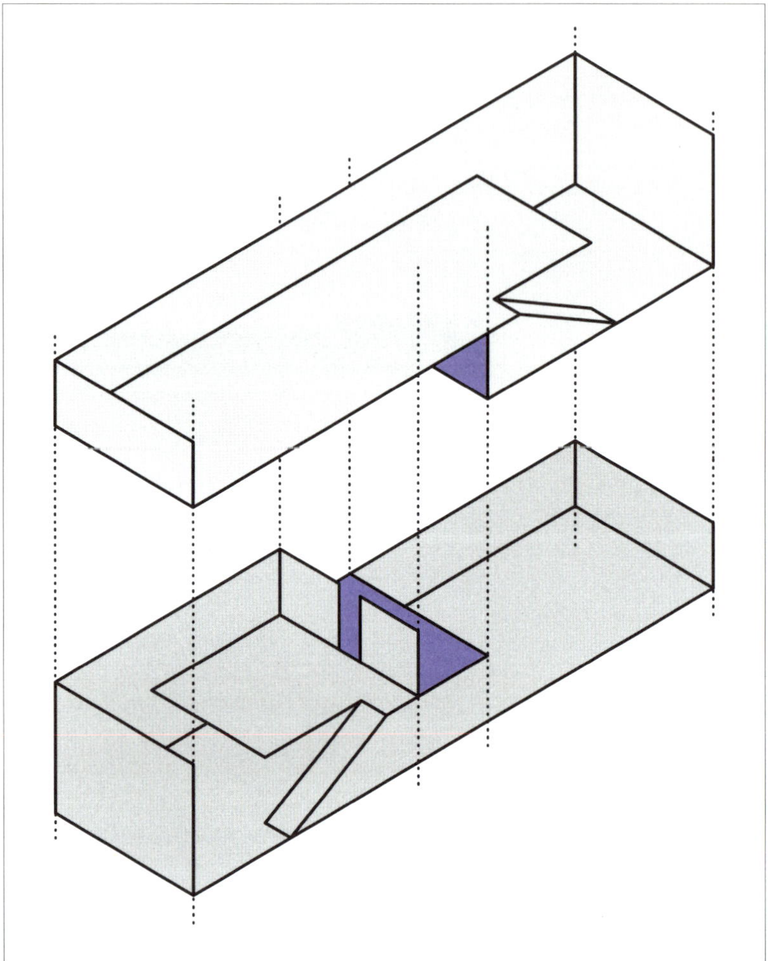

그림 13:
메조넷은 2층 이상의 구조로 되어 하나의 주거 단위주거에서 복층의 주거를 제공한다.

반층형식 주택
Split-level homes

반층형식은 메조넷의 형식중 하나이다. 〉그림 14 참고 여기서 생활은 다양한 레벨에서 이루어지게 되며 나눔에 따라 정해진 깊이에서 행위가 일어나게 되고 내부의 계단으로 연결되어 있다. 이런 형식은 상대적으로 작은 주거에 적합하며 다양한 레벨로 구획이 가능하다. 〉기본 장의 구획을 참고할 것

용도영역 연결하기
Linking use areas

한 영역에서 다른 영역의 연결은 다양한 디자인적 특성을 가질 수 있으며

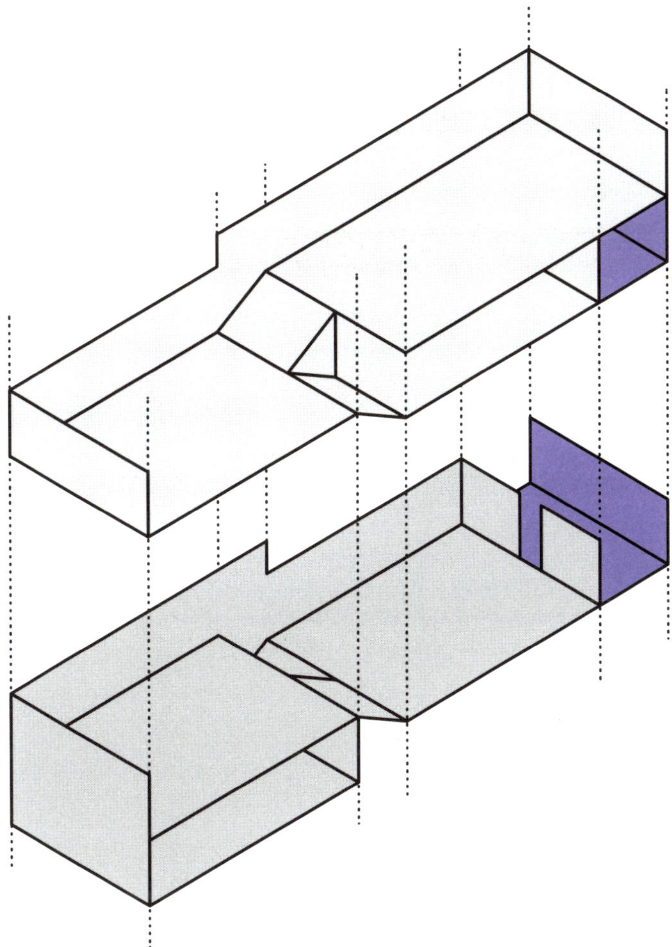

그림 14:
반층형식의 주택은 단위주거 안에서 레벨들을 변화시킨다.

이는 공간적인 강약을 만들어 낸다. 고정fix되지 않은 경계를 통한 유연한 전이연결은 열린 투시도적인 효과를 만들어내며 일관적인 공간 개념에 적합하다. 반대로 벽을 이용하여 공간을 구분하는 계획은 다른 용도의 영역들을 분명하게 분리시킨다. 이런 경우 각 영역 사이의 개구부의 특성이 공간전이의 효과를 좌우한다. 이런 경우 개구부의 높이도 폭만큼이나 중요하다. 예를 들어 일반적인 문 크기가 아닌 바닥에서부터 천정까지 닿는 문을 계획할 수도 있다. 좁은 개구부 또한 넓은

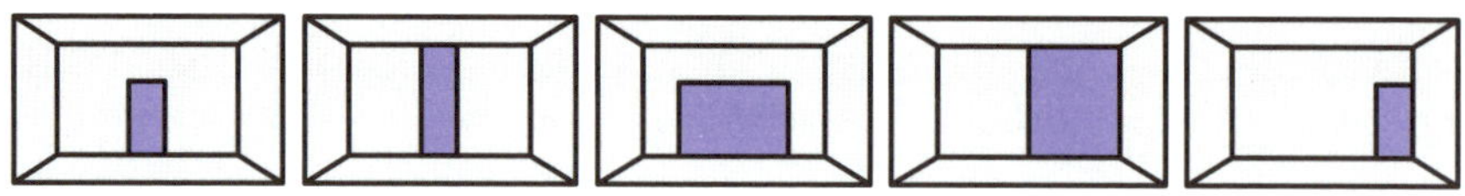

그림 15:
다양한 형태의 개구부는 공간변화의 느낌을 좌우하며 연결유형의 위계를 결정한다.

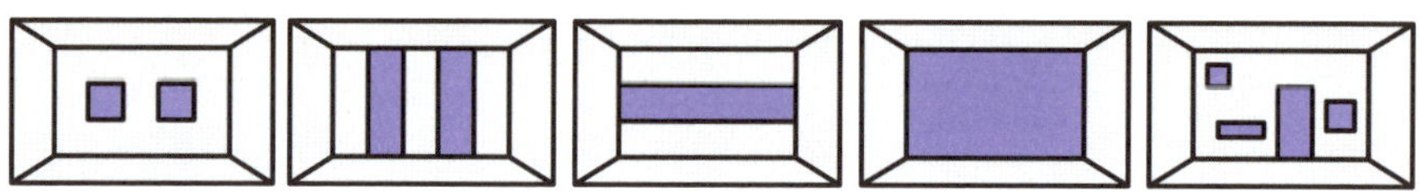

그림 16:
창의 형태는 외부공간과의 연결방식에 큰 영향을 주며 따라서 내부공간의 공간적 특징을 결정한다.

개구부와는 다른 효과가 있다. 각각의 개구부에 닿는 통로는 각 영역에 위계를 부여하며 또한 내향적인지 외향적인지를 결정한다. 〉그림 15 참고 미닫이문이나 완전히 열리는 여닫이문은 필요에 따라 유연하게 분리와 연결을 선택할 수 있게 한다.

벽의 개구부는 각 영역의 출입만을 위해 기능할 필요는 없다. 다른 공간과의 시각적인 연결을 위한 개구부로 기능하는 것도 가능하며 때로는 해치hatch처럼 열고 닫음을 통해 조절할 수도 있다. 동선영역들은 단순히 이동으로만 쓰이지 않으며 공간의 전이를 느끼게 한다.

외부와의 연결
Links of outdoors

외부공간은 내부공간과 밀접하게 관계되며 하나의 개념으로 이해하여야 한다. 창문의 크기나 위치는 외부의 특정한 요소들과 시각적 연결을 만들며, 이는 내부 공간에 강한 인상을 남긴다. 〉그림 16 참고 외부를 바라보는 투시도적 효과는 층이 올라갈수록 더 증대된다. 1층에 있는 주거단위주거는 외부와의 연결이 용이하고 정원과도 직접적 연결이 가능하지만 또한 외부로의 노출이 심한 단점도 있다.

〉✎

따라서 이 경우 프라이버시를 보호할 수 있도록 계획되어야 한다. 주거의 층이 높을수록 더 멀리 바라볼 수 있으며 생활공간의 프라이버시는 자연적으로 더 보호된다.

출구, 발코니, 테라스 등의 공간은 외부공간과 내부공간을 결합시킨다. 이런 외부공간은 생활영역의 일부가 될 수 있다. 이런 연결은 공간을 규정하는 요소들, 예를 들면 외부로 연장된 내부 벽이나 퍼골라pergola, 또 동일한 재료 등에 의해 더 강조될 수 있다.

\\ Tip:

만약 1층의 외부가 상당히 번잡한 곳인 경우 1층 내부가 외부에 노출되는 정도는 1층의 바닥 높이를 몇 센티만 높여도 훨씬 감소된다. 또한 개구부의 턱sill을 높이는 것도 도움이 된다.

2. 주거의 요소들

이제까지 다룬 생활, 기능, 동선 영역들은 주거 계획에 있어서 가장 중요한 요소들이다. 〉기본 장의 여러 용도를 참고 이런 영역들은 개인적인 필요와 일반적 요구사항에 의해 주거의 다양한 요소로 나뉜다.

2.1 수면

용도와 기능
Use and functions

수면은 인간 생명 유지의 필수요소이다. 수면은 주변 환경에 지대한 영향을 받으며, 수면을 위한 환경은 다른 기능에 비해 상당히 다른 요구사항들이 있으며 이는 여러 개념적인 접근에 의해서 특성화될 수 있다. 침실은 한 개인의 휴식과 회복을 위해 존재하며 이를 위해 계획된다. 따라서 침실은 단일 기능적이며 다른 영역과는 명확히 구분되어 있다.

하지만 위의 원칙을 지키면서도 다른 용도를 침실에 부여할 수 있다. 하루의 시간대에 따라 수면 외에 다른 용도를 부여할 수 있을 것이며 이런 경우 더해진 용도들은 물론 매우 개인적 영역에서 가능한 용도들이다.

다른 용도의 영역들이 부가된다면 다양한 접근통로access가 필요할 것이다. 〉그림 17 참고 예를 들어 드레스 룸이 추가된다면 침실에서 바로 접근할 수 있게 계획되어야 하는데 왜냐면 공용 복도를 지나 접근한다면 사용에 필요한 프라이버시가 침해되기 때문이다. 이에 비해 걸어 들어갈 수 있는 옷장Walk-in wardrobe은 공간효율적이고 합리적인 대안이다. 또한 이런 공간은 화장실에 가까운 것이 합리적인데 이는 전이공간이 화장실 및 옷장을 위해 동시에 쓰일 수 있기 때문이다. 이상적으로는 공용복도를 지나지 않고 직접적인 접근이 가능하도록 한다.

소음방지를 위해 수면영역은 공공적 성격의 방들과는 격리되어야 한다. 복층의 수직적인 분리가 불가능한 경우에는 중간전이영역을 두어서 "시끄러운" 영역과는 직접적으로 접하지 않게 한다. 〉기본 장의 구획을 참고 이런 권고사항은 1인용 주거에는 꼭 필요가 없는데 혼자 사는 경우 자신만의 일상적 리듬이 있고 생활을 방해하는 다른 구성원이 없기 때문이다.

수면영역은 다양한 디자인 방식에 의해 개인적 요구를 충족시킬 수 있다.

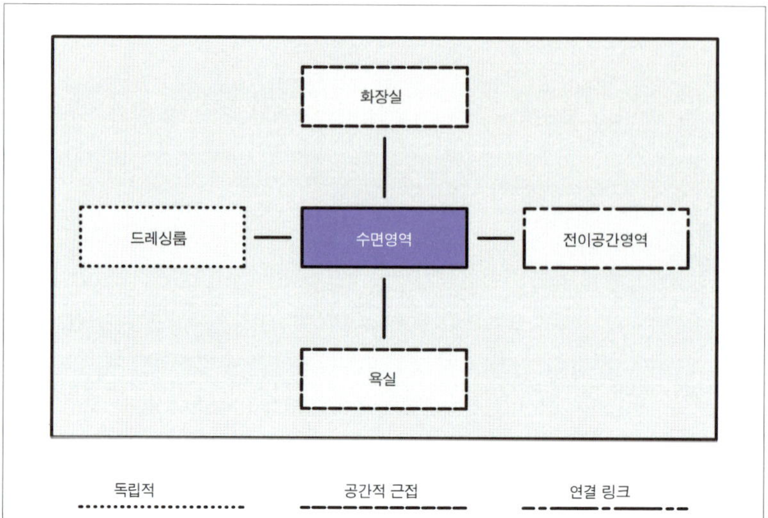

그림 17:
수면영역과의 체계적 연결

내부지향적 수면 공간
Introverted sleeping areas

침실은 외부와 내부세계에서 분리되어 있으며, 수면만을 위해서 쓰이기 때문에 가장 내부지향적 공간이라고 할 수 있다. 〉그림 18의 왼쪽 부분을 참고 외부에서의 영향은 편한 수면을 방해할 수 있기 때문에 배제된다. 억제된 작은reticent 개구부(문)은 방의 기능을 상징할 수 있으며 은신처로서의 기능을 더 강화시킨다. 크기와 프로포션(비례)의 조절을 통해서 넉넉한 공간, 혹은 반대로 미학적으로 미니멀하고 작은 공간으로도 만들 수 있다. 후자의 예로 선박의 벙크배드 같은 기능적인 형태를 생각해 볼 수도 있다.

외부와 연관된 수면 영역
Sleeping areas relating to the outside

외부 공간을 수면영역과 연결시키는 것은 침실의 내향적 성격을 떨어뜨린다. 향을 고려하면 잘 배치된 창이나 반투명의 커다란 창 등을 통해 내부의 채광상황을 바꾸면서 좋은 공간 조건을 만들 수 있다. 〉기본 장의 방위 참고 한 방식으로 창의 개구부는 간접적인 채광효과를 내면서도 외부에 노출되지 않게 계획 될 수 있다. 특별한 디자인으로 내부 한 장소–예를 들어 침대에 누웠을 때만–에서만 밖이 보일 수 있도록 하는 것도 가능하다. 이런 개념을 더 발전시켜, 한적한 곳에서는 침실영역의 입면facade를 모두 유리로 하여 외부와 내부의 경계를 없애는 계획이 가능하기도 하다. 〉그림 18의 중앙왼쪽과 중앙오른쪽을 참고할 것.

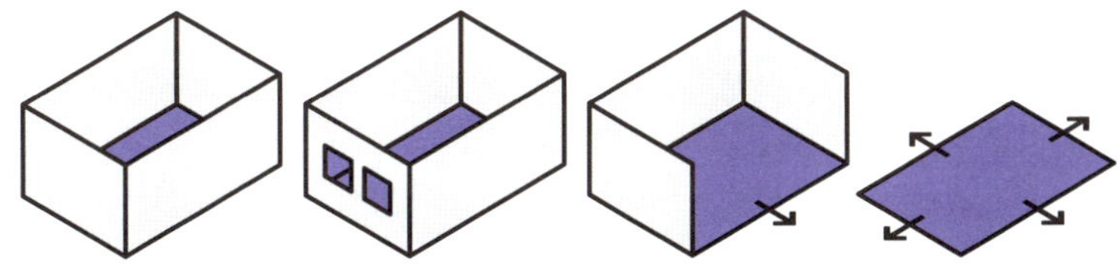

그림 18:
침실영역을 계획하기 위한 다양한 개념들을 보여주고 있는 스케치

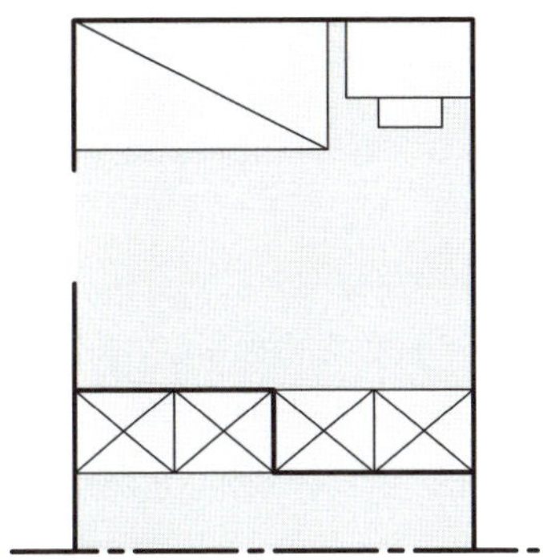

그림 19:
최소한의 면적은 디자인적인 자유도를 제한한다.

타 용도와 통합된 수면영역
Sleeping areas with integrative uses

침실영역은 접근방식이나 요구에 따라서 다른 기능과 용도를 위한 영역들을 포함하여 계획될 수도 있다. 예를 들어 작업이나 레저를 위한 개인적인 공간은 수면영역과 통합이 가능한데 이는 각 행위가 다른 시간대에 이루어지기 때문이다. 〉 그림 18의 중앙오른쪽을 참고

가장 외향적인 형태로 수면영역은 열린 평면 안에 놓일 수 있으며 주거의 다른 기능이나 용도와 거의 차이가 없게 계획될 수도 있다. 〉 그림 18의 오른쪽, 그리고 공간 만들기 장을 참고할 것

가구
Furnishing

모든 다른 용도의 영역들처럼 침실도 가구와 시설fitting 그리고 동선을 위한 충분한 영역이 필요하다. 〉그림 19 참고

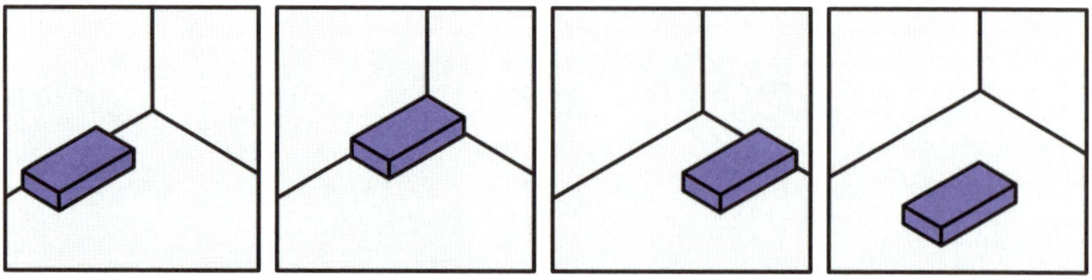

그림 20:
방안의 침대의 위치는 사용자의 안전도security와 휴식rest의 감각에 영향을 끼친다.

영역의 크기가 작을수록, 디자인 대안은 제한된다. 계획에 있어 각각의 영역을 최적화시키는 것은 물론 좋은 태도이지만, 유연성을 너무 방해할 정도로 줄이는 것은 바람직하지 않으며 후에 다른 용도로 조정될 수 있는 가변성을 고려하여야 한다. 예를 들어 침대는 기본적인 몇몇 사이즈가 규정되어 있지만 중간적 변형 사이즈, 자체 제작할 수 있는 크기, 네 개의 기둥으로 올려진 침대 등 규정에 얽매이지 않고 창의적으로 계획될 수 있으며 이는 수면영역의 일부분으로서 디자인 될 수 있다.

침대의 위치
Positioning the bed

방안의 침대의 위치는 의식적 무의식적인 감각에 영향을 준다. 만약 침대가 구석에 있다면 전체 방과 개구부들이 누워서 다 보이기 때문이 좀 더 명료하고 안전함을 느낄 수 있다. 만약 침대가 중앙에 놓이고 다른 입구나 가구에 의해 강조된다면 중요한 중앙을 점유하고 있는 것으로 보일 것이다. 〉 그림 20 참고

\\ 힌트:
침대의 길이는 주거인의 키에 25cm을 더함으로서 구할 수 있다. 침대 옆으로 충분히 공간이 있어 액세스가 쉽도록 고려되어야 한다. 일반적으로 사람이 걸을 수 있는 공간의 폭은 70cm 이상이어야 한다.

옷보관 및 탈의
Dressing areas

수면영역은 보통 의복을 갈아입는 공간과 혼용되며 탈의 및 옷보관과 관련이 된다. 〉주거의 요소들의 보관(창고)을 참고 만약 별도의 의상실 영역을 마련하지 않는 경우에는 옷장을 위한 영역을 마련하여야 한다. 이런 경우에 갈아입을 수 있는 공간을 마련하는 것이 중요하며 문 앞에서 갈아입지 않도록 하여 출입에 문제가 없도록 하여야 한다. 바닥부터 천정까지 설치하는 붙박이장을 설치하는 것도 하나의 대안인데 이는 가장 공간효율적 방법이다. 그러나 붙박이장을 설치하는 경우 설치하는 벽과 그 앞을 완전히 점유하기 때문에 이후 디자인에 많은 제약을 준다.

2.2 식사

용도와 기능
Uses and functions

인간의 사회적 행위 중 식사만큼 전통적이고 문화적인 행위는 흔치 않다. 식사는 모임과 문화적 이벤트이며 한 지역의 음식은 지역적, 국가적 자존감을 정의하기도 한다. 가족이나 친구들 사이 행사로서 만찬만한 것은 없다. 요즘 일상적인 생활에서 일과 능동적인 레저 생활이 우위가 되어 아침, 점심 혹은 저녁 식사에 쓰는 시간이 점점 줄고 있는 것은 흥미로운 현상이다. 따라서 식사 영역의 중요성status은 각 개인, 가족에 따라 상당히 다르다고 할 수 있다. 몇 명 기준인지, 각 개인의 식사 습관은 어떤지, 그리고 얼마나 큰 공간이 필요한지도 중요한 고려사항이다. 식사 영역은 또한 주거자들의 만남의 공간, 혹은 사회적인 모임의 장소로서도 쓰인다. 간결하고 기능적일지, 아니면 넉넉한 식사영역이 될지는 요구와 필요에 따라 다르게 계획되어야 한다.

식사영역은 부엌과 긴밀하게 연결되어 있으며 따라서 이 두 영역은 근접해 있어야 한다. 두 영역 사이의 긴 동선은 음식의 제공과 수거를 어렵게 한다. 만약 식사영역이 주방 밖에 따로 존재한다면 중간영역에 물건을 둘 수 있도록 디자인되어야 한다. 현관이나 옷장cloakroom과의 거리도 고려가 되어야 하는데 이는 손님들이 집안에 들어와 식사영역으로 접근하거나 화장실에 용이하게 갈 수 있도록 계획되어야 하기 때문이다. 〉그림 21 참고

공간 개념
Room concept

식사영역은 타 공간과 명확히 구별돼 주거에서의 중요성, 그리고 식당영역의 독립성과 자족적인 기능을 강조할 수 있다. 만약 같은 영역이 가족 간의 혹은 친구들 사이의 큰 모임에 쓰일 계획이 있다면 이에 맞추어 공간계획이 되어야 한다. 대안으로서 식당영역은 일상적인 거실공간과 결합되어 다기능 적이고 열린 주거 개념으로 계획되어질 수 있다. 〉기본 장의 공간 만들기 참고 이런 유형의 계획들은 뚜

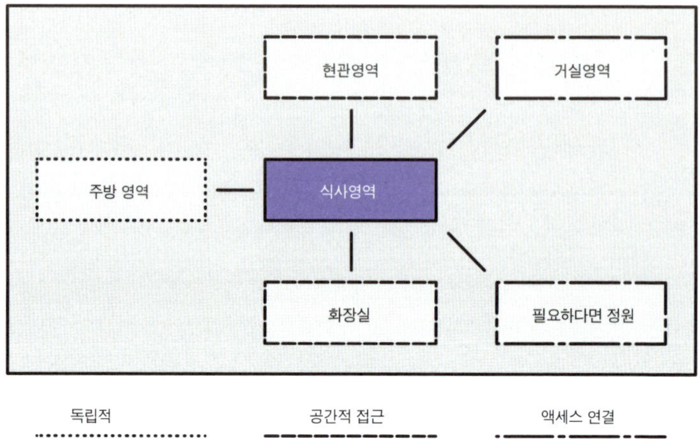

그림 21:
식당 영역과의 시스템적 연결

렷한 경계가 존재하지 않으며 영역과 기능을 결합하여 확장된 시각적 연결과 시원한 공간의 느낌을 줄 수 있다. 또 다른 장점은 기능적 유연함을 위해 테이블이 더 클 수도 있다. 만약 식당영역을 이런 열린 공간 안에서 강조하려고 한다면 공간 안의 여러 공간연결 요소들을 활용하고 다양한 소재와 조명요소들을 창의적으로 고려해야 할 것이다.

주방에서의 식사
Eating in the kitchen

또 다른 가능성은 거실영역의 일부인 주방과 식사영역을 결합하는 것이다. 〉 주거의 요소들 장의 요리 부분 참고 이런 방식은 영역간 거리를 줄이며 음식을 준비하는 공간과 즐기는 공간사이의 소통을 원활하게 한다. 또한 한 주거 안에 두 군데의 식당영역을 만드는 것도 가능한데 주방에 가깝게 스낵이나 아침을 먹는 공간과 요리를 즐기는 공간으로 나눌 수도 있다. 〉 그림 22 참고

외부와의 연결
Links with the outside area

주거 밖으로 외부와의 연결은 식당영역의 공간의 질quality에 근본적인 영향을 미칠 수 있다. 바닥까지 닿는 창이나 출구, 혹은 (지붕) 테라스는 외부공간을 내부공간의 개념적 일부분으로 바꿀 수 있다. 태양과의 향이나 채광조건등도 공간에 영향을 끼치며 디자인을 결정하는데 중요한 역할을 할 것이며 하루 여러 시간대 등도 고려가 되어야 한다. 〉 기본 장의 방위를 참고

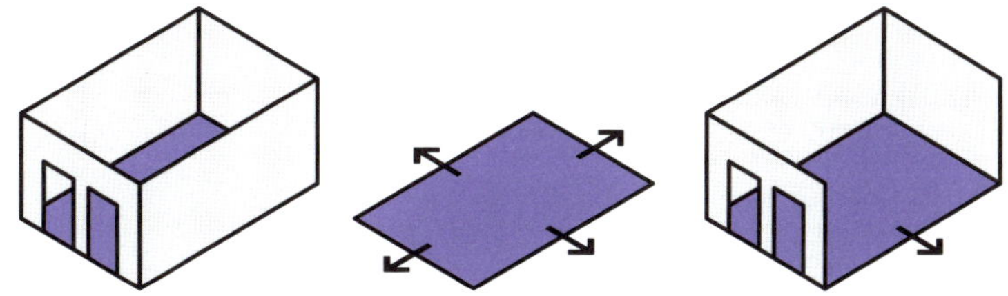

그림 22:
위의 스케치들은 식당영역의 여러 접근방식을 보여주고 있다.

가구
Furniture

식당영역의 가구의 배치와 비품을 위한 공간의 크기는 공간적 개념과 사용자의 수에 따라서 결정된다.

식탁은 다양한 방법으로 위치시킬 수 있으며 공간의 조건에 따라 변화가 가능하다. 원형 식탁은 모든 위치가 평등하고, 직각의 식탁은 자리의 위계가 생긴다. 벽에 밀착되지 않은 식탁은 공간속 주요 요소가 되며 공간구조의 중요한 연결요소가 된다. 코너에 놓이는 경우 (보통 코너 벤치와 같이 쓰이는데) 식당영역은 좀 더 기능적으로 쓰여 진다. 주방 안에 있는 작업을 위한 수평면은 때로 간편한 스낵 공간으로 쓰일 수도 있다. 〉 그림 23 참고

\\ 힌트:
한 사람은 40cm 정도의 깊이와 65cm 정도의 폭을 가져야 다른 사람에 방해받지 않고 식사를 할 수 있다. 6인용 직각 식탁은 적어도 80-90cm 정도의 깊이와 180-200cm 정도의 폭을 가져야 하며 원형테이블은 적어도 125cm 정도의 지름을 가져야 한다. (공식: 사람 당 cm X 사람 수 / 314) 만약 테이블이 공간의 중앙에 있는 경우 벽과의 최소 폭은 1m는 되어 앉아있는 사람 뒤로 지나갈 수 있는 정도가 되어야 한다.

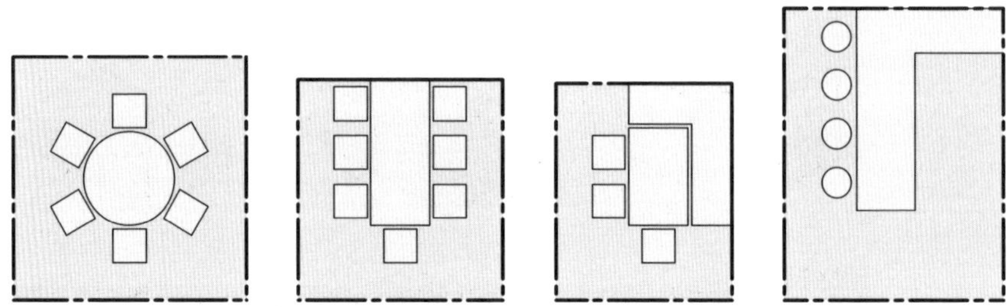

그림 23:
식탁의 위치에 따라 기능적일 수도 있고 공간적 요소를 강조할 수도 있다.

2.3 작업공간

용도와 기능
Uses and functions

작업은 일상에서 가장 중요한 부분이다. 작업은 인생의 리듬을 부여하고 사회 속에서 사람의 환경과 사회적 역할을 정의한다. 주거 또한 작업 행위에 의해서 영향을 받는다. 예산을 고려하고 동시에 기능적으로 다양한 작업 행위를 수용하기 위해서는 특별히 계획되어야 하기 때문이다. 거의 모든 주거는 사고思考하기 위한 공간이 있다. 또한 소통수단과 컴퓨터 테크놀로지 – 핸드폰, 노트북 그리고 인터넷 등 – 는 모든 곳에서 일할 수 있는 환경을 만들어 주고 있다. 따라서 침실, 식당의 식탁 그리고 거실의 소파 등은 모두 일시적인 작업공간이 될 수 있다.

하지만 이런 공간에서 인간공학적으로 편하고 장기간의 작업을 하기는 여러 이유로 쉽지 않다. 조명 조건, 소음 그리고 특히 다양한 용도의 겹침 등으로 꾸준히 작업을 하기 위해서는 주거 공간 안에서 특정한 작업공간을 별도로 필요로 한다.

공간 개념
Room concept

주거공간 안에서 작업공간을 계획할 때 합리적인 구획과 분리는 필요에 따라 달라지며 이는 어떤 유형의 작업을 위해 계획하는 가에 따라 결정된다. 회계업무 같은 전형적인 사무실 행태는 기능적으로 계획된다면 작은 공간에서 가능하다. 이를 위한 작업공간의 경우 주택의 입구부분에 배치돼해 주거의 다른 사적공간에서 분리돼 방문객을 만날 수 있는 독립적인 공간을 마련하는 것이 중요하다. 그러나 필요가 증가할 수록 작업공간은 열린 평면 계획안에서 다른 용도의 공간들을 전용해서 면적이 커져야 할 수도 있다. › 기본 장의 공간만들기 참고 몇몇 직업을 위한 공간들은 주택에서 수행하는 것이 가능한데 이는 직업이 요구로 하는 행태들을 가능할 수 있게 주거공간을 바꾸고 구별시키는 것을 통해 이루어 질 수 있다. 예를 들어 화가의 스튜디오, 조각가의 워크숍, 음악 스튜디오나 음악가의 연습실, 혹은 교사의 연구실 등은 다른 영역과 거의 분리된 상태면서도 작업과 레저 공간사이의 소통이 동시에 요구된다. 이런 경우 구획zoning은 좋은 해결책 마련에 도움이 될 것이다. 〉 기본 장의 구획 참고 외부세계와의 다양한 연결방법, 조명 그리고 소음차단 시설 같은 특별한 요구사항 등은 어떤 행위를 담는가에 따라 달라진다.

2.4 레크리에이션과 레저

용도와 기능
Uses and functions

많은 레저 활동은 실내 공간에서 가능하며 주거공간에는 레크리에이션과 레저를 위한 공간이 포함되어 있다. 침대는 단지 수면만을 위한 것이 아니며, 식탁은 게임 등을 위해서 쓰일 수 있고, 욕실은 긴장완화를 위해서 쓰이고 거실은 TV 시청 및 독서를 위한 공간으로 쓰이고 있다. 주거 안의 각각의 공간을 레크리에이션과 레저를 위해 쓰일 수 있는 공간으로 변신하는 것은 그리 어려운 일이 아니다.

공간개념
Room concept

공공생활영역은 주거에서 식사 및 생활을 위해서 가장 중요한 공간이며 일상적인 레저와 레크리에이션을 위한 공간으로도 혼용된다. 〉 그림 24 참고

공공생활영역은 집에서 가장 외향적인 영역이며 시간을 보내는데 가장 많이 사용되고 가족이나 거주자뿐만 아니라 손님에 의해서도 이용된다. 그러나 이런 영역을 주거의 사적인 영역으로 디자인하여 좀 더 내향적인 공간으로 만들 수도 있으며 이런 경우 영역은 외부와 내부에서 분리(차폐 screen) 되어야 한다.

커다란 거실은 여유 있는 공간의 인상을 줄 수 있으며 독서나 놀이 구역, 혹은 정보공간communication과 멀티미디어 공간 등으로 부분적으로 나뉠 수도 있다.

레크리에이션 공간은 걸맞은 공간적 특성을 가지게 디자인 될 수 있으며 이런 예로서 높은 천정높이 혹은 회랑이나 넓은 공적airspace를 가질 수도 있다. 〉기본 장의 공간 만들기 참고 이런 확장적 계획은 언제나 가능한 것은 아니며 작고 간결한compact 거실 영역도 편안하게 시간을 보낼 수 있는 공간으로 디자인될 수 있다. 또한 다른 용도를 위한 공간 – 식당이나 주방–을 (작은) 거실과 결합하여 다양한 구획을 가진 열린 평면으로 디자인될 수도 있다. 〉 기본 장의 구획을 참고

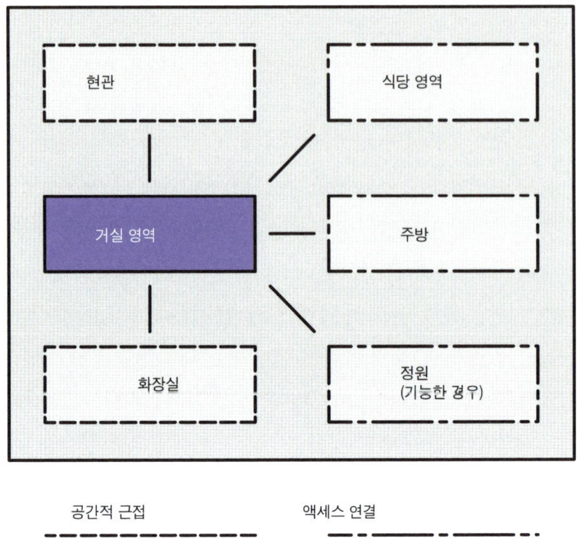

그림 24:
거실영역과의 시스템적 연결

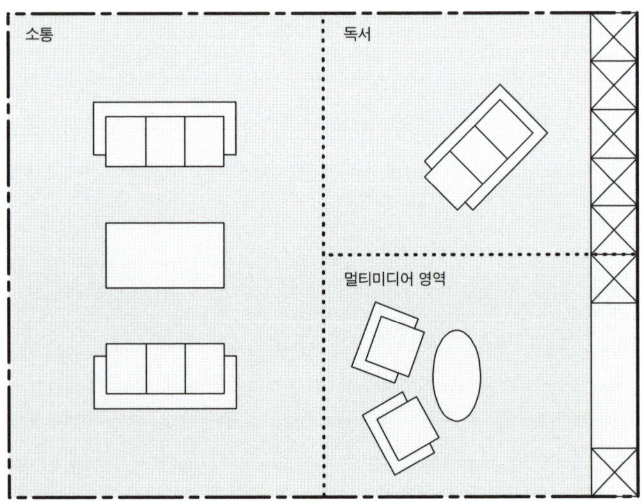

그림 25:
커다란 거실영역은 다른 용도로 쓰일 수 있는 영역들을 포함할 수 있다.

피트니스 공간, 음악실, 도서관 등의 레저영역은 창의적이고 통합적인 디자인이 가능하다. 이런 용도가 임시적일지 장기적일지는 거주자의 개인적인 필요에 따라 달라질 것이다. 사우나나 개인용 수영장등은 독립적으로 이 기능만을 위해 디자인 한다. 아이들을 위한 놀이공간은 다른 용도의 영역과 시각적으로 연결되어 어른들이 다른 행위를 하면서도 친밀감을 유지되고 또한 감독할 수 있는 것이 필요하다. 열린 평면내의 주방과 다이닝공간, 거실 그리고 복도는 이런 면에서 여러 디자인적 가능성을 내포하고 있다. 인접한 영역에서 언제나 아이들을 지켜볼 수 있기 때문이다. 〉 주거의 요소들 장의 동선영역 참고

외부와의 연결
Links with the outside area

주택 내부의 레크리에이션과 레저 영역은 외부공간을 포함시킴으로써 공간의 질이 크게 향상된다. 예를 들어 날씨가 좋은 지역에서 아파트의 1층은 외부공간을 내부개념에 포함시킴으로서 거실영역을 확장시킬 수 있다. 〉그림 26참고 크고 작은 발코니와 지붕테라스는 상층에서 유사한 방식으로 쓰일 수 있다. 이미 언급했듯이 채광과 향은 중요하다: 오후와 저녁의 태양채광을 위해서는 큰 개구부를 두는 것을 추천한다. 일반적으로 거실과 레저 영역은 이 시간대에 쓰이기 때문이다.

2.5 위생

용도와 기능
Uses and functions

신체 위생은 각 문화, 각 사회에 따라 다르다. 위생적 관행이 다르더라도 개인의 생의 유지와 건강에 가장 중요한 요소이다. 물은 위생에 있어서 가장 중요한 요소이며 전통적으로 거의 모든 문화에서 가장 중요하게 여긴다. 물은 가장 정제된 상태로 입수되어 사용 뒤 배수된다. 이를 위한 시설 때문에 주거에서의 화장실

\\ 힌트:
아이들을 위한 요소는 큰 힘을 들이지 않고 주거 안에 포함될 수 있다. 이를 위해서는 아이들의 시각으로 주거를 바라볼 수 있는 새로운 눈이 필요하다. 작은 벽감(壁龕)niche (틈새)는 아이들이 숨을 수 있는 곳으로 변한다. 접혀서 벽으로 세워질 수 있는 테이블은 식탁보로 덮여지면 원뿔형 천막으로 변신하며 작은 코너 창은 타일은 하루의 어떤 때 옆의 타일을 신비하게 비춰줄 것이다. 아이들은 디자인과 즉흥의 대가이다. 그들이 필요한 것은 오직 그들의 상상력과 이를 위한 주거의 작은 요소들이다.

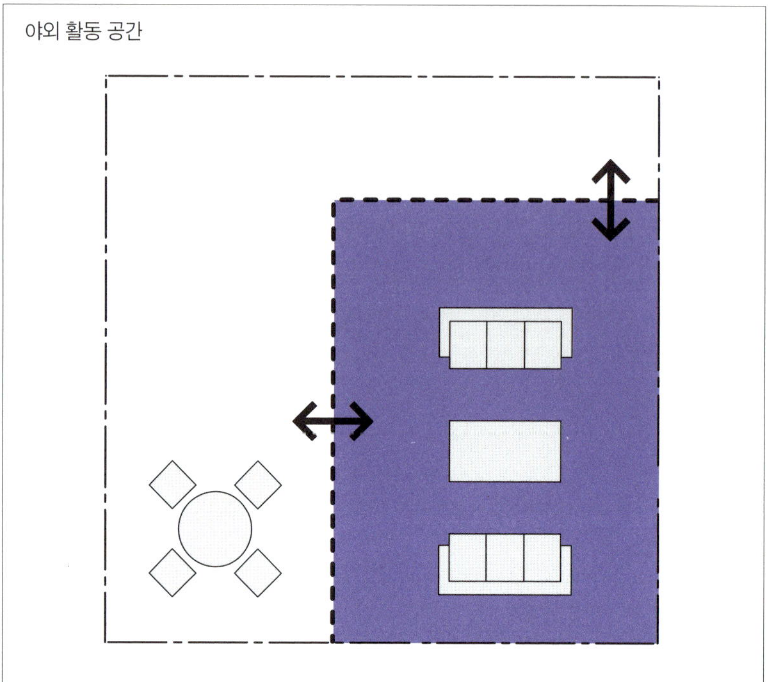

그림 26:
외부공간을 포함하는 거실영역은 일시적으로 확장될 수 있다.

은 특성화된 공간이다. 다른 영역과는 달리 화장실은 다른 공간으로 "전용convert" 되기가 매우 힘들며 다양한 사용자의 요구에 부합해야 한다. 욕실과 손님화장실은 시각적으로도 격리되지 않아야 하고 소음차단도 확실히 되어 다른 영역에 영향을 주거나 받지 않아야 한다.

개인화장실과 욕실은 수면영역에 가깝게 계획되어 직접적인 연결이 가능하도록 한다. 만약 이것이 불가능하다면 화장실로의 접근 및 문은 공적인 영역에서 바로 보이지 않도록 한다. 옷장cloakroom은 되도록 입구 가까이 계획되어야 하며 일상적인 생활영역을 보조하도록 한다. › 그림 27 참고

만약 주거의 전체 평면 면적이 한정돼 있다면 몇 가지의 기능이 화장실 안에서 복합적으로 사용 된다. 화장실은 세면대, 샤워 그리고 욕실, 또 비데 및 기저

\\ 힌트:
2층 이상의 주거를 계획할 때 물을 쓰는 공간들은 되도록 수직적으로 아래위로 이어지도록 (평면의 같은 위치에) 계획하면 배관공사가 용이하며 이를 통해 발생되는 소음도 줄일 수 있다. 소음방지를 위한 방법도 초기부터 고려되어야 하며 특히 세대 간 소음을 고려한다. 예를 들어 배관 벽은 세대 간에 설치되어 다른 방에 영향을 끼치지 않게 계획될 수 있다. 또한 배관의 길이를 줄이기 위해 위생설비는 배관 벽에 가깝게 설치되어야 한다.

귀교환대baby-changing table, 세탁기와 건조기 등을 포함할 수 있다. 화장실은 일반적으로 면적을 최소화하며 기능적으로 계획된다. 문제는 언급된 기능들이 과연 서로 어울리는 지다. 위의 예에서 세 가지의 영역이 겹쳐진다. 개인적 위생, 세탁 그리고 변기이다. 지금 존재하고 있는 건물들과 새롭게 계획되는 건물에서 기능적으로든 사용자를 위해서든 이 영역들이 합쳐져 잘 사용되는지 한번 생각해 보라. 만약 부가적인 기능을 위한 영역을 따로 둘 수 있다면 세탁영역은 분리되는 것이 자연스럽다. 〉 주거의 요소들 장의 부가기능 참고 다른 방법으로 세탁기는 주방이나 드레스 영역dressing area 혹은 다른 부가영역에 위치할 수 있다. 만약 변기와 개인위생영역이 분리될 수 있다면 욕실은 휴식과 목욕을 위한 청결하고 즐거운 공간이 될 것이다.

공간개념
Room concept

이런 일반적인 규준을 따르는 경우, 높은 질의 공간을 만들기는 쉽지 않다. 〉 그림 28 참고 공간을 절약하는 샤워, 세면대, 변기가 같이 설치되는 화장실을 계획할지 아니면 넉넉한 공간속에서 분리되는 화장실을 계획할지는 얼마나 전체면적의 여유가 있는지에 따라 정해진다.

기능적인 구분을 위해 화장실 내부에서 공간을 분리하고 효율을 높이기 위해 공간분리요소 등을 계획할 수 있다. 〉 그림 29 참고 샤워와 세면대를 포함한 콤팩트한 개인위생공간을 따로 계획하고 욕실을 따로 분리해 계획할 수 있다. 변기와 비데(설치시)는 화장실 내부에서 분리되어 자신만의 공간을 따로 가질 수도 있다. 이런 배치는 원치 않는 냄새를 분리할 수 있으며 이는 특히 가족구성원들이 한꺼

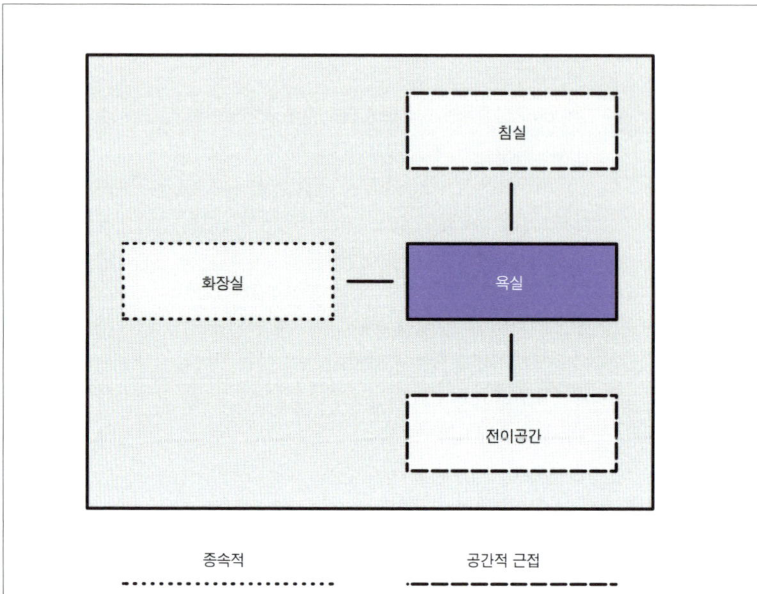

그림 27:
화장실과의 시스템적 연결

번에 사용하는 아침시간에 유용하다. 면적에 여유가 있을 시에는 언제나 따로 변기공간을 설치하는 것이 바람직하다.

기능적 측면을 넘어 욕실은 시간을 보내기에 즐거운 공간이다. 항상 반복되는 세면대, 욕조 그리고 샤워 유형에서 벗어나 다른 대안들을 살펴보아야 한다. 샤워공간은 원하는 크기로 바닥배수를 할 수도 있고 (큰) 욕조하나를 공간 중앙에 놓아 넉넉함과 편한 동선을 만들 수도 있다. 이런 방법은 물론 더 큰 공간을 요구

\\ 힌트:
혁신적이고 미래적인 욕실/화장실은 Bathroom Unplugged by Dirk Hebel and Jorg Stollmann Bikhauser Publisher, Basel 2005. 에서 자세히 참고할 수 있다.

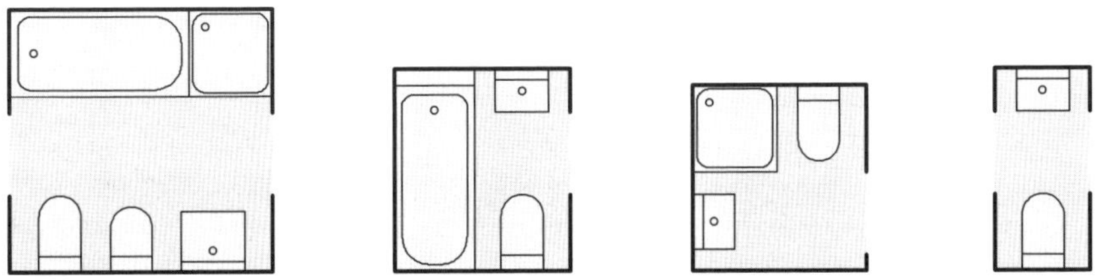

그림 28:
공간을 효율적으로 쓰는 화장실은 시간을 보내기에 그리 좋은 공간이 아닌 경우가 많다.

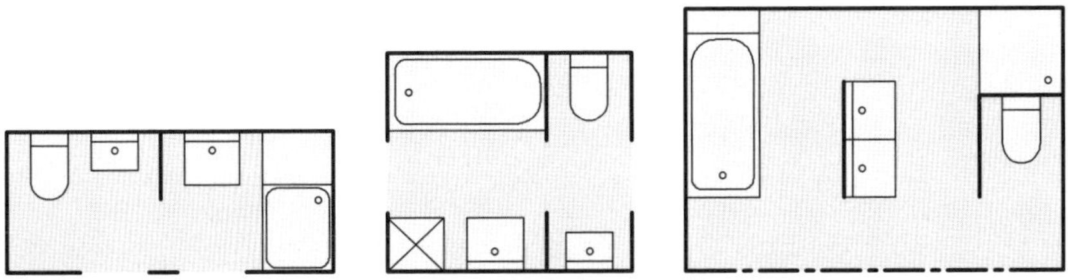

그림 29:
기능에 의해서 분할된 화장실은 한명 이상이 동시에 쓸 수 있게 한다.

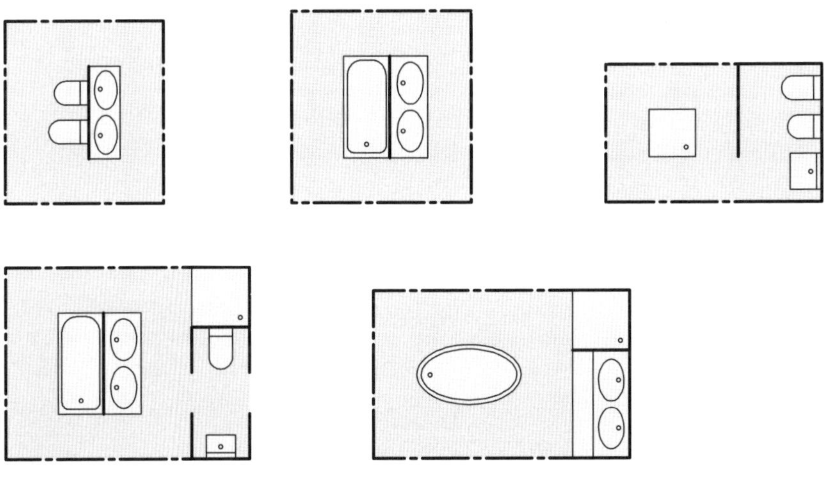

그림 30:
화장실은 기능적인 측면을 넘어 자유롭게 디자인 될 수 있다.

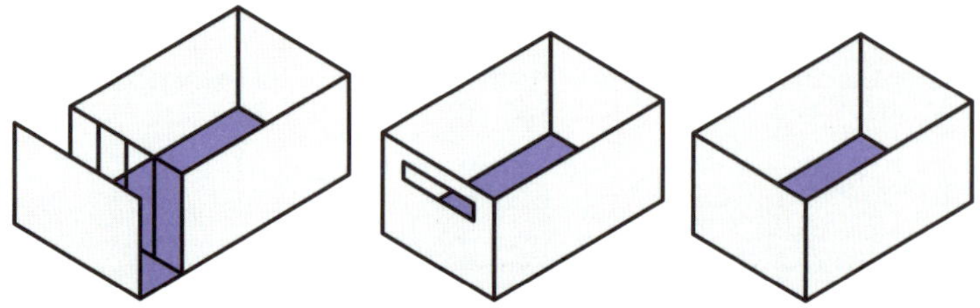

그림 31:
외부영역과 화장실의 관계를 보여주는 개념적 스케치

하지만 화장실 기능 영역의 가치를 높여준다. 〉그림 30 참고

외부영역과의 연결
Links with outdoor space

화장실은 상당히 개인적 공간이지만 외부공간과의 관계를 간과해선 안 된다. 만약 외부로부터의 보안이 지켜진다면 화장실에 계획된 외부로 난 큰 창이나 작은 발코니는 상당히 매력적이다. 내부의 은밀함을 유지하면서도 밖을 볼 수 있게 계획된 창 또한 창의적인 시각적 연결을 만들어 낼 수 있다.

외부와 접하지 않는 화장실은 기계적 환기가 필요하다. 환기 측면만을 고려하더라도 창이 없는 화장실은 그렇지 않은 화장실보다 시간을 보내기가 쉽지 않다. 외부 벽과 접하지 않는 화장실에서의 하나의 변형은 지붕 쪽 천창이다. 이는 채광과 환기의 역할을 할 수 있으며 화장실에서 하늘을 바라 볼 수 있다. 〉그림 31 참고

2.6 요리

용도와 기능
Uses and functions

요리는 근래에 들어 이전까지 가지고 있는 고유한 중요성을 잃고 있다. 더 이상 개인은 먹기 위해 요리할 필요가 없어졌다. 많은 사람들이 이제 패스트푸드와 반조리 식품ready meal을 애용하고 있으며 대량생산을 통해 식품회사들은 냉동식품이나 통조림 등을 저렴하게 공급하고 있다. 그러나 요리는 단지 시간을 절약하고 빨리 식사를 하는 것 이상의 의미가 있다. 요리는 공공적 행위이며 상당히 높은 재충전적 가치가 있으며 요리행위를 통해 우리는 어떤 먹을거리를 섭취하는 지에 대한 의식을 할 수 있다.

일반적으로 주방은 집에서 가장 빈도가 높게 사용되는 공간이며 따라서 가장 중요하다. 주방은 입구로부터 너무 멀지 않아 식재료를 가지고 힘들게 운반하지 않도록 해야 하며 (혹은 주방으로 이어지는 부출입구가 필요하다) 저장고와 텃밭을 계획한다면 이들 또한 주방과 가까워야 한다. 식당은 주방과 관계가 깊기 때문에 직접적으로 연결되어 음식이 나가고 다 먹은 그릇수거가 용이하도록 계획한다. 〉 그림 32 참고

공간개념
Room concept

주방은 다양한 방법으로 계획될 수 있다. 간단한 주방에서 본격적인 주방, 혹은 주방-식당kitchen-dining 개념 등으로 계획될 수 있으며 이는 필요와 요구에 따라 달라진다. 만약 주방이 독립된 기능적 단위주거로 계획된다면 다른 영역들과 완전하게 구별되어 자신만의 공간을 가질 수 있다. 이런 경우엔 최적화된 방식으로 기능을 충족시키며 단지 음식조리공간으로만 쓰일 것이다. 하지만 주방은 시간을 보내기에 적당한 매력적인 공간으로 계획될 수 있으며 간단한 스낵을 먹는 공간이나 아예 본격적 식사를 할 수 있는 공간을 포함, 전체주거의 가장 주요한 만남의 장소가 될 수도 있다. 〉 주거의 요소 장의 식사 참고 또 다른 접근으로 사람들은 열린 주방을 선호하여 다른 영역과 통합되는 것을 원할 수도 있다. 〉 기본 장의 장소 만들기 참고 이런 경우 활동으로서의 요리는 다른 생활 영역과의 소통행위가 되며 통합된 공간

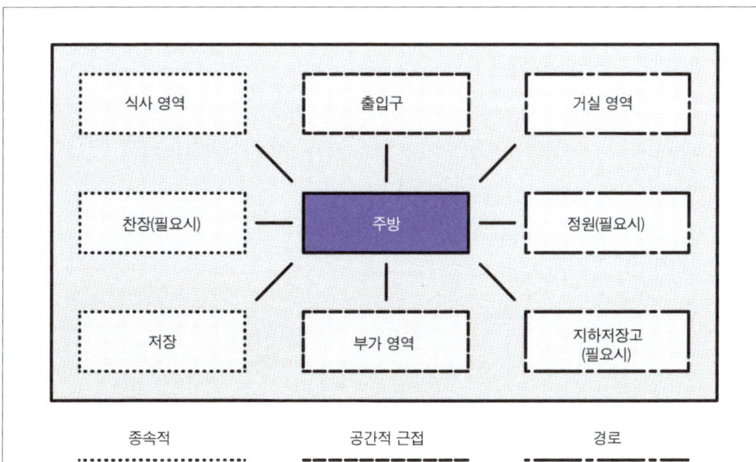

그림 32:
주방영역의 시스템적 연결

개념에서 이득을 본다. 하지만 이런 열린 상황에서는 요리의 냄새가 요리 후에도 다른 영역까지 한참 영향을 준다는 사실을 인지하여야 한다. 기능적이고 공간적인 여러 상황을 유연하게 대처하기 위해, 커다란 미닫이 문 등이 임시적인 분리를 위해 계획될 수도 있다.

외부공간과의 연결
Links with outdoor space

외부공간과의 연결은 주방을 위해서 필수이며 이는 단지 채광과 환기를 위해서만은 아니다. 만약 아이가 있는 가정에서 주방이 자주 쓰이는 경우 아이들이 밖에서 노는 것을 실내에서 볼 수 있는 것이 좋다. 날씨가 좋을 때는 연결된 테라스나 발코니에서 아침이나 가벼운 식사를 한다면 매력적일 것이다.

가구
Furnishing

주방은 작업대, 요리기구, 찬장 그리고 싱크 등으로 이루어져 있다. 이런 작업 영역은 여러 방법으로 배치될 수 있다. 서로 근접돼 있고 동선이 편리하며 작업순서를 따라서 배치된 공간은 기능적으로 효율적이다. 일반적인 배치는 – 사용 가능한 면적에 따라 변하는데 – 보통 한 줄이나 두 줄의 배치 혹은 U모양이나 L모양의 배치가 있다. 〉 그림 33 참고

또 다른 방법으로 자유로운 배치나 요리기구와 작업대의 중앙 집중적인 배치도 가능하다. 이런 경우 주방은 기능과 스타일 면에서 상당히 특별한 공간적 성질quality를 갖게 된다. 〉 그림 34 참고 만약 주방 블록이 벽으로부터 독립되어 있으면 다른 영역에 있는 사람들과 쉽게 소통할 수 있으며 사용자는 벽을 보며 작업을 할 필요가 없다.

주방은 기능적인 공간이며 주거 안에서 가장 많은 작업이 일어나는 곳이기도 하다. 요리재료 보관장소는 쉽게 손이 갈 수 있어야 하며 시원한 환경에서 보관되어야 한다. 솥이나 프라이팬, 칼 등의 기구들은 잘 배치되고 쉽게 어디 있는지 알 수 있어야 작업 시 편리하다. 〉 주거의 요소 장의 저장 참고

\\ Tip:
환기는 주방에 있어서 가장 중요한 요소인데 이는 요리가 많은 종류의 냄새를 유발하기 때문이다. 따라서 효율적인 자연적 혹은 기계적인 환기수단이 필요하다.

\\ 힌트:
미래적인 개념의 주방에 대한 예시는 Klaus Spechtenhauser가 편집한 The Kitchen, Birkhauser Publishers, Basel, 2006을 참고하라.

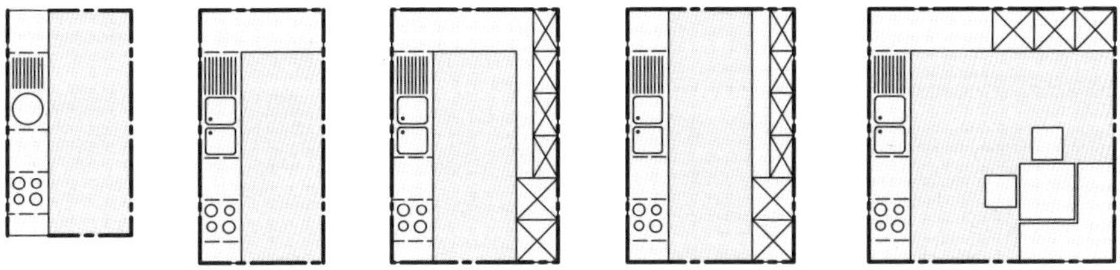

그림 33:
단순한 주방과 미니멀한 주방은 기능적인 기준에 의해 계획된다.

\\ 힌트:

일반적으로 주방안의 복도 폭은 1.2m 이상으로 이보다 좁을 시 지나는 두 사람은 부딪히게 된다. 작업대는 적어도 90cm 정도 높아야 하며 (우리나라 기준은 80~85cm) 사용자의 키에 따라 높이가 조절될 수 있으면 더 좋다. 상부 찬장이나 요리기구, 냉장고 등의 일반적인 깊이는 60cm이며 이는 보통 가구의 깊이와 유사하다.

\\ Tip:

작업대와 찬장 사이에 위치한 창은 작업 시 밖을 볼 수 있게 하여 준다. 하지만 높이가 일반적인 창문과 다르기 때문에 밖에서 다른 창문들과 같이 보게 될 경우 높이가 달라져서 입면에 영향을 준다. 만약 싱크 뒤로 창문을 만들 시에는 싱크의 수도꼭지에 걸려서 창을 안으로 열지 못하게 되는 경우도 많으니 주의하여야 한다.

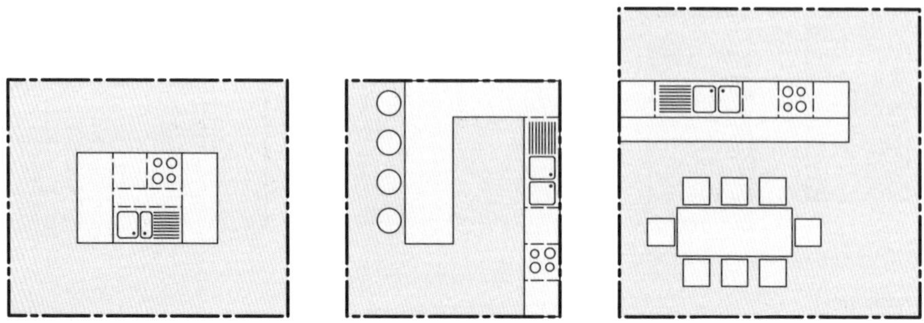

그림 34:
특별한 주방는 자유로운 디자인 및 통합적인 사용을 가능케 한다.

2.7 부가적 기능

용도와 기능
Uses and functions

부가적인 기능에는 세탁, 건조 그리고 다림질이 포함된다. 이를 위해 특별한 공간이 필요하지는 않으며 다른 용도의 공간이 한시적으로 사용되기도 한다. 하지만 이런 부가적 기능을 따로 유틸리티 공간으로 만들 수 있으며 이런 경우 합리적으로 쓰일 공간이 마련된다. 주방이나 화장실과 마찬가지로 이러한 용도의 방은 특정한 목적을 위한 기능적 공간이다. 이런 공간에는 세탁기나 건조기 혹은 다림질을 위한 공간이 마련된다. 이 공간에서 세탁물은 다림질되고 저장될 수 있으며 거주에 필요한 다른 기구 및 세제들과 보관될 수 있다. 샤워실을 이런 공간에 같이 마련하여 작업 후 다른 공간을 방해하지 않고 씻고 나오게 할 수도 있다. 만약 이런 부가적 공간이 주방과 함께 계획되면 동시에 두 작업을 같이 할 수 있으며 두 작업간 동선은 더 합리적일 것이다. 전반적인 개념에 따라 화장실이나 침실에 가까이 위치시키는 것이 더 좋은 경우도 있는데 이는 보통 화장실이나 침실에서 세탁물이 생겨나기 때문에 긴 동선을 거치지 않고 이동할 수 있기 때문이다.

2.8 보관

용도와 기능
Uses and functions

사람은 일상생활에서 많은 물건들을 필요로 한다. 우리는 우리 주위를 기능적인 물건과 개인적인 용품으로 채우고 생활한다. 몇몇 물건은 매일 사용되는 것으로 이들은 잘 정리되어 있고 기능적으로 놓여 있지만 다른 물건들은 특별한 의미가 있어 단지 보이는 것만으로도 만족감을 준다. 집은 다양한 사물들의 집합체이며 또한 거주자의 개성을 보여주는 작은 개인 박물관이기도 하다.

보관의 유형
Storage categories

보관되는 물건들은 유형별로 나뉜다. 개인적인 서재(도서관)는 책에 질서를 부여하며 동시에 전시하는 기능을 지닌다. CD나 레코드 판 소장품은 음악 감상을 위해 존재하지만 또한 소유자의 개인적 취향을 보여주기도 한다. 이런 보관/전시가 같이 되는 사물들은 개인적으로 중요한 물건을 보여준다는 공통점이 있다. 하지만 일반적으로 의류, 신발, 부엌 용품, 청소 도구나 그 밖에 유사한 물건은 다르게 취급된다. 이들은 닿기 편한 곳에 있어야 하지만 외부먼지로부터 차단되고 평소에는 안 보이는 곳에 보관된다. 따라서 이들은 기능적인 규칙에 의해 배치되면서 일반적으로는 보이지 않아야 한다. 마지막으로 항상 쓰이지 않고 장기적으로 보관되는 물건들도 있다. 이들은 자주 필요하지 않은 물건이며 계절에 따라 쓰이고 보통 때는 귀찮은 물건들이다. 기능과 공간의 아름다움을 동시에 고려하여 다양한 시점에서 보이고, 정리되고, 배치될 수 있는 장소들이 필요하다.

공간 개념
Room concepts

아름답고 중요한 물건들, 혹은 다른 의미로 가치 있는 물건들은 공간에 영향을 끼치고 공간을 정의한다. 채광이 잘되는 벽에 조화롭게 걸린 그림 하나는 공간을 나누는 열린 선반만큼이나 디자인적인 특징을 가진다. 바닥에 들어간 공간에 유리로 씌워진 공간, 전시를 위해서 벽에 들어간 홈niche, 혹은 벽 사이의 틈들은 거주공간에서 물건을 보여주는 공간을 만드는 방식의 예시이다. 수집가의 수집물을 보여주기 위한 특별한 방을 만들 수도 있으며 갤러리나 도서관으로 동시에 쓰이게 할 수도 있다. 〉 주거의 요소 장의 동선영역 참고 수집가가 아니더라도 이런 디자인 방

\\ 힌트:
기본적 원리로서 적어도 전체 주거 면적의 2% 정도는
분리된 보관공간으로 고려되어야 한다.

법을 쓰는 것은 유용하다. 결국 사람들은 사신 주위에 놓고 전시하고픈 물건이 꼭 있기 때문이다. 그렇기 때문에 주거를 향상시키기 위해서는 꼭 큰 전시 공간이 필요한 것은 아니며 주거공간의 특징은 단지 몇 개의 영향력 있는 요소만으로도 만들어 진다.

일상적 물건 보관
Storing everyday objects

자주 쓰이는 물건들은 기능적 보관 공간이 필요하다. 청소도구라든지 음식 저장을 위한 작은 공간들은 이들이 자주 쓰이는 공간 가까이 보관되는 것이 바람직하다.

찬장, 서랍 혹은 선반은 필요한 만큼 주방이나 침실 안 혹은 주변에 설치될 수 있으며 공산에 알맞은 스타일로 만들어지는 것이 가능하다. 〉 주거의 요소 장의 수면과 요리 참고

장기보관
Long-term storage

장기보관을 위한 보관 공간은 필요하다면 독립된 공간 – 지하실이나 다락방 – 에 마련될 수 있다. 고미다락loft나 계단 하부 공간들도 이용될 수 있으며 벽감(壁龕)niche나 모퉁이corner도 마찬가지로 활용될 수 있다. 좋은 접근성과 효율은 중요하다. 자주 쓰이지 않는 보관공간에서는 습기나 곰팡이를 피하기 위해 어느 정도의 환기가 필요하다.

2.9 동선영역

용도와 기능
Uses and functions

주거에서의 내부 동선 영역은 다른 영역 사이의 접근을 가능케 한다. 동선 영역은 영역들을 구분하고 완충적 영역을 만들어 주는 동시에 영역들을 연결하고 주거 안에서 어떻게 움직일 지를 결정한다. 이들은 공간의 인상을 결정하며 동선 영역의 크기와 형태는 거주에 질적으로 큰 영향을 준다. 동선을 위해 일정면적을 필요로 하며 거주의 다른 영역들처럼 정해진 예산과 지정된 용도에 적합하게 계획되어야 한다.

집의 입구 영역
Entrance areas in a home

현관은 주거의 입구 영역이며 다른 모든 영역 전에 경험된다. 〉 그림 35 참고

아파트의 경우 현관은 소음방지를 위한 용도로서도 필요하다. 또한 현관문 사이에 온도조절climatic protection을 위해 덧문을 하나 더 설치할 수도 있다. 자연적 채광과 천정높이(천정고) 그리고 면적도 중요하다. 〉 기본 장의 공간만들기 참고 입구영역의

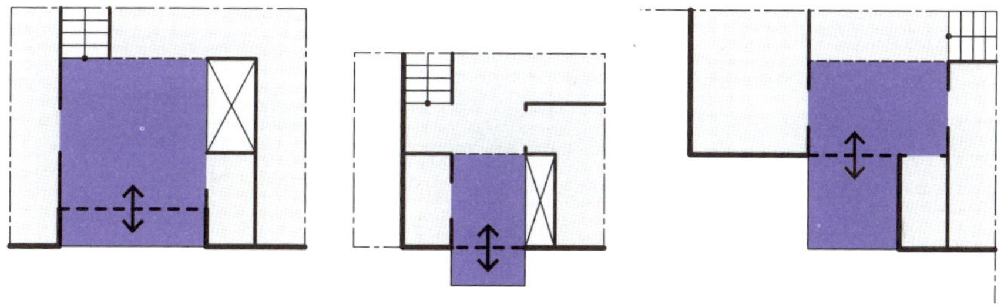

그림 35:
주거에서의 입구영역은 외부에서 내부로 통하는 전이공간을 만들며 기능적이고 공간적인 요구를 충족한다.

현관은 외부와 내부의 이행(전이)을 담당하며 겉옷을 두며 손님을 맞이하는 공간으로도 기능한다. 디자인 방향에 따라 현관은 간단한 전이공간이 될 수도 있고 주택 내부로 들어가는 당당한 입구가 될 수도 있다. 이 중요한 영역이 없다면 다른 영역의 기능은 저해 받거나 방해될 수 있다. 예를 들어 현관은 보통 공공적 성격인 거실, 주방, 휴게실, 혹은 외투옷장에 직접적으로 연결되어 있다. 더하여 주거공간의 다른 영역에 도달할 수 있는 배분 공간으로 기능하며 복도와 내부계단에 접한다.

내부복도
Internal corridors

위계적으로 계획된 주거에서 복도는 다른 용도로 쓰이는 영역 사이의 움직임을 가능하게 한다. 만약 복도가 외부에 접하지 않으면 자연채광이 불가능하며 불편한 공간이 된다. 길고 어두운 복도는 불쾌한 효과를 낳지만 감각적 디자인은 이를 상쇄시킬 수 있다. 열린평면 계획은 내부복도 없이 계획이 되는데 이는 각기 다른 영역들이 이음 없이 연결되기 때문이다. 〉 기본 장의 공간만들기 참고

전이 공간
Transit spaces

만약 복도가 자연채광이 되고 어느 정도의 면적이 되면 공간적 감흥은 증대되며 기본적인 기능을 넘어 놀이를 하거나 시간을 보낼 수 있는 임시 영역으로 사용 될 수 있다. 〉 그림 36 참고

닫힌 공간
Trapped spaces

전이공간을 통해 도착한 공간을 "닫힌 공간trapped spaces"이라고 하는데 이는 이 공간이 자신만의 동선구조를 가지고 있지 않기 때문이다. 닫힌 공간 중 크기가

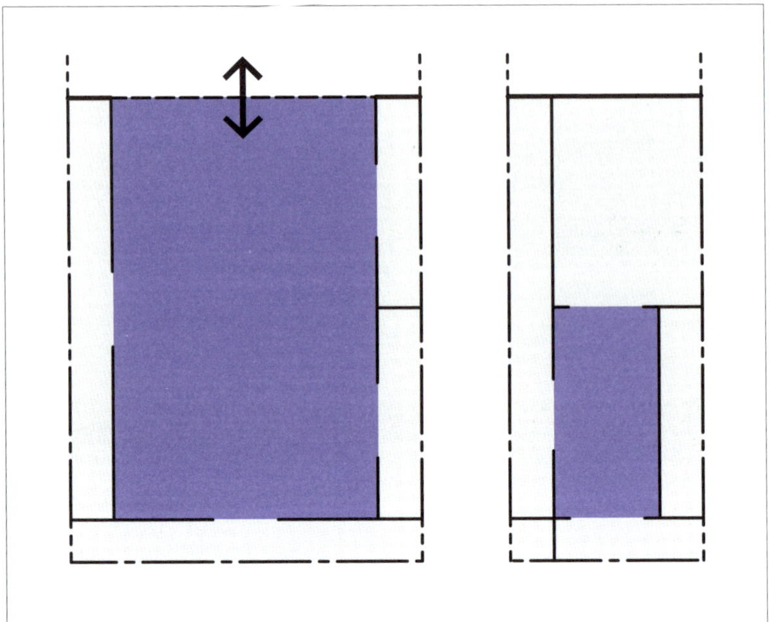

그림 36:
자연채광이 가능한 전이 공간은 자연채광이 불가능한 작은 복도에 비해서 훨씬 양질의 공간이다.

큰 공간의 일부는 가벼운 설치 요소(찬장, 칸막이 등)로 분리되어 그 뒤에 있는 구역을 사적인 동선 영역으로 사용할 수 있게 계획할 수 있다. 이런 시각에서 열린 평면 계획을 보면 많은 전이공간으로 이루어져 있음을 알게 되는데 이는 여러 영역들이 서로 맞물려 있고 접근 영역과 융합되어 있기 때문이다. 〉 기본 장의 공간만들기 참고

계단
Stairs

만약 주거 단위주거가 1층 이상의 층이 있다면, 당연히 계단이 필요하다. 계단은 중앙 홀이나 거실 공간의 일부로서 열린 계단으로 계획되어 다음 층으로의 전이를 강조할 수 있다. 혹은 별도의 계단실로 계획되어 위층의 칸막이 역할을 할 수도 있다. 이 선택은 기능과 디자인의 고려에 따라 계획되어야 하며 건축법 또한 고려되어야 한다. 〉 그림 37 참고

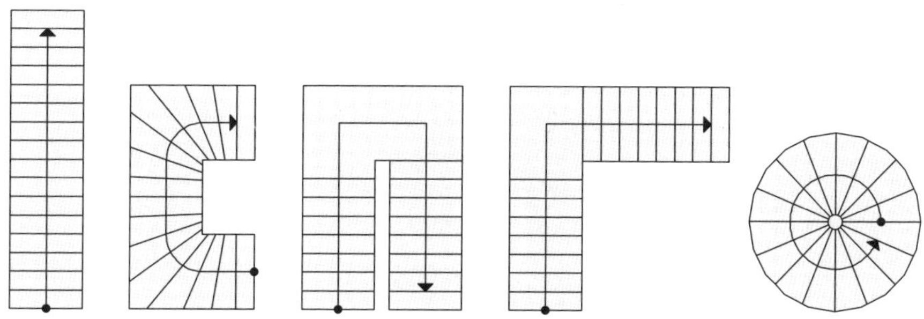

그림 37:
여러 형태의 계단을 통해 거주 단위주거안의 다른 층으로 이동할 수 있다.

3. 건축의 유형

이전의 장들은 주거를 주로 공간과 용도에서 바라보았다. 이 장에서는 주거를 유형적 형태에서 바라볼 것이며, 이런 유형은 주거의 개념을 크게 차이나게 하며 그 성질을 다르게 만든다.

3.1 단독 혹은 두 가구 주택

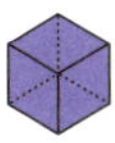

단독주거
Detached houses

단독주택은 한 가정을 위한 주거형태이다. 이들은 이웃하는 다른 건물들과 건축법에 의해 떨어져 있으며 정원과 기타 시설을 위해 많은 공간을 할애한다. 일반적 도시의 밀도와 비교하면 전반적인 주거의 밀도는 낮다. › 그림 38 참고

주거자들에 끼치는 의미
Implications for occupants

근본적으로 단독주택은 개인적이고 독립적 생활을 가능하게 한다. 건물의 양식적인 특징이나 다른 요구사항도 개인적인 취향을 고려해 디자인돼서 창의적인 범위는 상당히 크다. 여기에 더해 사적 외부공간의 가능성은 다양한 디자인을 가능하게 한다.

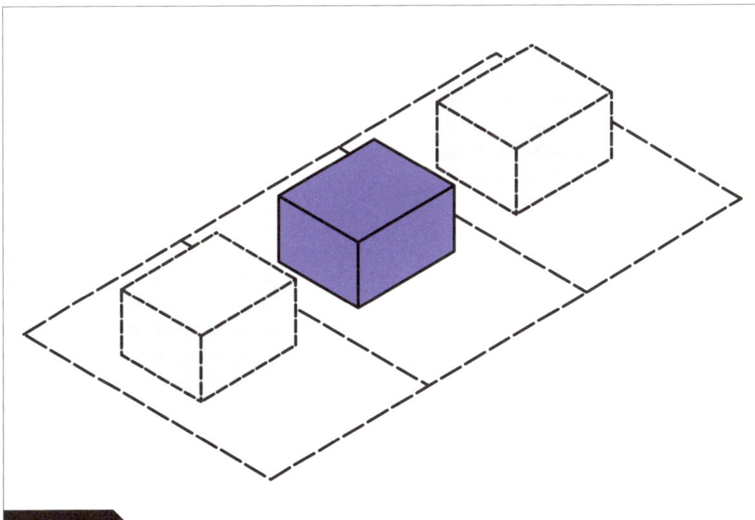

그림 38:
단독 혹은 두 가구 주택을 도시적인 상황에 적용하기 위해선 큰 대지 면적이 필요하지만 생활의 품질은 훨씬 더 높아진다.

\\ 힌트:
많은 사람들은 '자신만의' 현관문을 갖고 복도나 입구 영역을 다른 주거자들과 공유하지 않는 것과 생활의 품격을 연결 지어 생각한다. 이런 이유로 네덜란드의 집들은 아파트의 상부층에 있어도 자신만의 현관문을 선호하며, 이는 결과적으로 거주면적에 비해 훨씬 많은 계단을 필요로 한다. (이는 우리나라에서도 마찬가지이다.)

두 개 층에서 생활하기 Living on two levels

단독주택은 보통 두 개 층에서 생활하는 것이 전제된다. 1층은 주방이나 식당 그리고 거실 등의 일상적인 용도가 배치된다. 위생관련의 용도나 수면 등 주로 사적인 영역들은 2층에 배치되어 있다. 하지만 2층 이상의 층으로 이루어진 구성이 공간을 더 합리적으로 만들 수도 있기 때문에 요구와 예산에 따라서 다양한 고려가 요구된다. 〉 기본 장의 구획과 공간 만들기 참고

방갈로 Bungalows (베란다로 둘러싸인 작은 목조 단층집)

방갈로인 경우 단층에 모든 용도를 위한 영역들이 배치된다. 건물의 낮은 층고(높이)는 이들이 전원적인 배경에 잘 어울리는 것을 뜻한다. 건물은 구획된 평면 안에서 기능적으로 분리되고 필요에 따라 돌출projection과 벽감recesses를 통해 형태가 조종될 수 있으며 이런 조형적 디자인은 지역적 전통과 연결되는 경우가 많다.

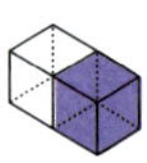

두 가구 주택 Semi-detached houses

두 가구 연립 주택은 하나의 건물에 두 단위주거를 가지게 되며 단독주택에 비해 외부면적 및 전체 대지의 면적을 줄여 공사비를 줄일 수 있다. 〉 그림 39 참고 평면은 두 단위주거 사이를 기준으로 반대의 상이 되며 (거울 이미지mirror image) 차이는 없다. 하지만 이론적으로는 하나의 건물에서 완전히 다른 두 집을 짓는 것도 가능하다. 다른 형태나 재료를 쓰면서도 디자인적으로 두 집의 공통성을 만들어 다른 디자인 방식에도 불구하고 일관된 느낌을 줄 수도 있다.

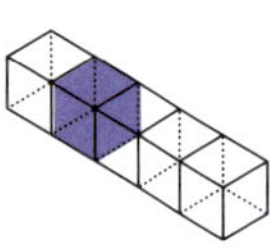

연립주택 Terraced houses

연립주택은 똑같은 평면을 가진 동일한 단위주거를 일렬로 붙여 짓는 것을 의미한다. 주로 면적의 효율을 고려해 선택되어서 매우 경제적이다. 이런 유형은 그리 많은 대지면적을 필요로 하지 않으며 대지의 폭을 한 단위주거의 폭과 동일하게 디자인한다. 〉 그림 40 참고

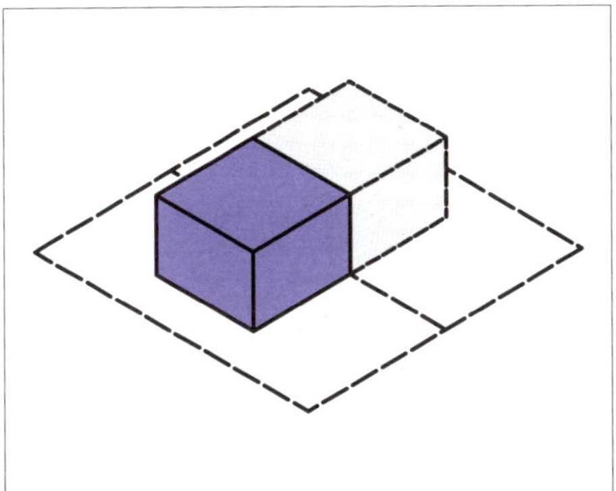

그림 39:
두 가구 연립주택은 하나의 건물에 두 단위주거를 포함한다.

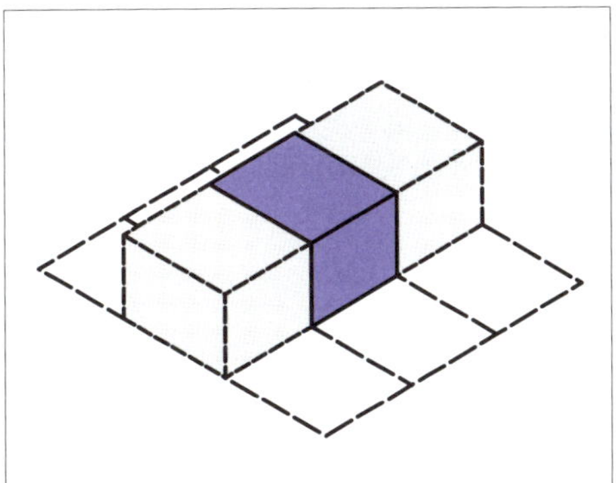

그림 40:
연립주택은 작은 대지에도 가능하다. 중간 단위주거의 경우 대지의 폭은 집의 폭과 동일하다.

연립주택은 매우 다양하게 배치될 수 있다. 집 앞의 대지는 직선이 될 수도 있고, 원형이나 사선형태가 될 수도 있으며 도시의 한 블록 내에서 횡렬로 배치될 수도 있고 블록 주위를 둘러 배치될 수도 있다. 연립주택은 생활의 질을 높이면서도 높은 밀도를 만들 수 있으며 체계적이면서도 너무 딱딱하지 않은 도시 구조를 만들 수 있는 배치방식이다.

주거자들에 끼치는 의미
Implications for occupants

연립주택의 경우 단독주택이나 두 가구 연립주택에 비해서 채광을 할 수 있는 가능성은 제한되어 있다. (일렬 배치의 경우 끝에 위치한 두 가구는 좀 더 자유스럽다) 왜냐하면 단위주거의 앞면과 뒷면으로만 자연채광이 가능하기 때문이다.

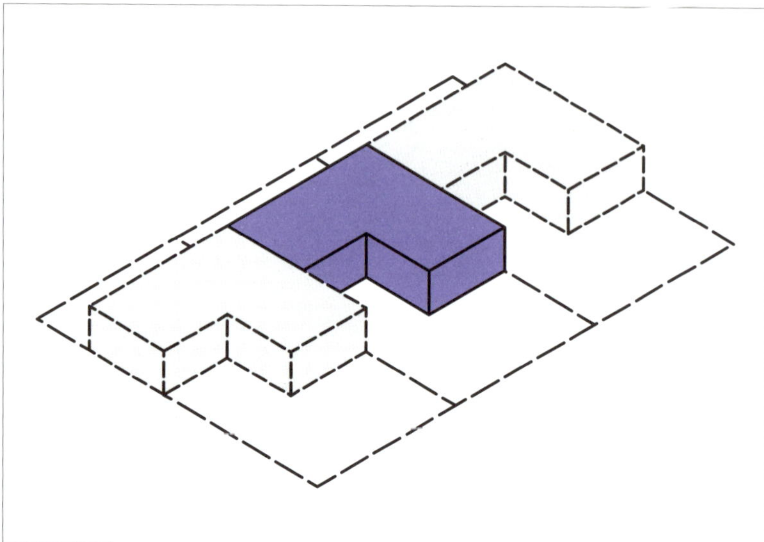

그림 41:
안마당식 주택 유형은 외부의 시야에서 상당히 차단된 작은 사적인 마당을 가지고 있다.

이런 이유로 자연광이 필요한 방들의 배치는 잘 고려되어야 한다. 〉 기본 장의 향 참고 또한 연립주거는 외부 공간의 다양성도 제약이 있긴 하지만 디자인에 따라 독특한 방법들을 찾아낼 수도 있다.

안마당 식 주택
Garden courtyard houses

안마당 식 주택 유형은 연립주거의 한 유형이다. 작은 사적 마당이 옆집의 형태에 의해서 생겨나며 이 공간은 외부의 시각에서 상당히 차단된 공간이다. 〉 그림 41 참고 중앙의 외부 공간은 접하고 있는 방에서 소통할 수 있는 공간을 제공한다. 하지만 반대로 모든 방들이 마당에 인접하기 때문에 좀 더 사적인 공간을 만드는 것은 쉽지 않다.

"톱니" 형 연립주택
"Chain" terraces

연립주택의 반복적이고 지루한 입면을 나누기 위해서 각 단위주거의 배치는 돌출되거나 안으로 들어가게 배치하는 방식으로 '엇갈리게' 혹은 '톱니' 처럼 배치될 수 있다. 〉 그림 42 참고

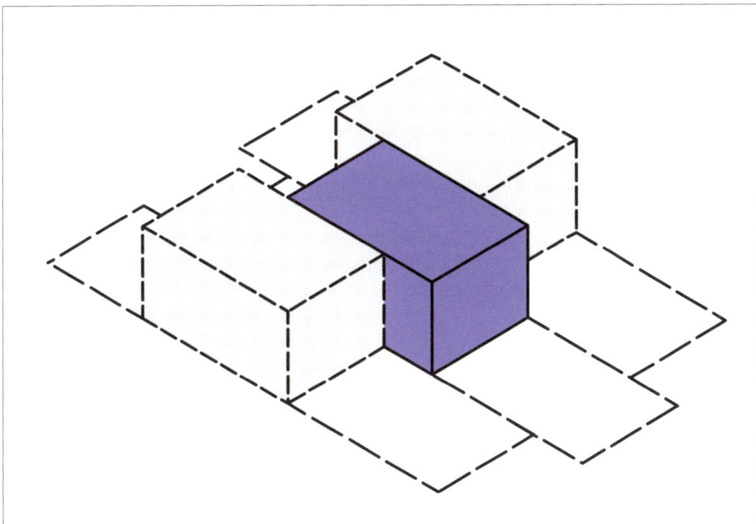

그림 42:
"톱니(chain)" 형 연립주택은 엇갈리게 지어지기 때문에 측면 벽들에서 자연조명을 추가로 받을 수 있는 기회를 만들어내며, 인접한 이웃환경들로부터 시야를 차단하는 막을 형성한다.

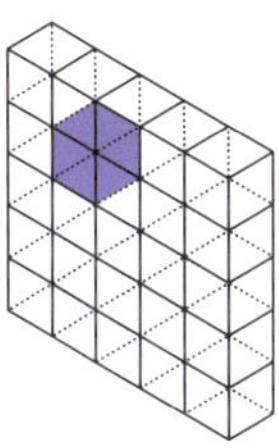

3.2 적층 주거 유형

단독주택과는 달리, 적층 주거 유형은 복잡한 구조의 주거동 한 동에 많은 단위주거를 아래 위, 혹은 옆으로 배치하는 유형이다. 상대적으로 작은 대지에 몇 층을 쌓아 올리는 방식이기 때문에 주거 밀도를 높일 수 있다.

중정형 개발
Block periphery development

중정형 개발은 안으로 중정을 품는 닫힌 건물 유형이다. 하나의 주거동, 혹은 몇 개의 주거동이 안쪽의 중정을 둘러쌓아 배치되며 이로서 내부 마당은 외부 공간과는 다른 성격을 갖는다. 〉그림 43 참고 중정형 개발은 다양한 형태로 계획된다. 사각 형태만큼이나 원형, 곡선, 혹은 여러 형태를 합친 복합적 계획까지도 가능하다. 중정은 용도면에서 여러 가능성을 내포하고 있으며 다양한 디자인적 접근도 가능하다. 외부와의 다양한 연결 수단 - 입구, 통로, 게이트 - 등을 통해서 공공적인 용도, 반공공적 용도 혹은 사적인 용도로 쓰임이 가능하다. 도시적인 광장, 정원, 놀이터 등의 용도가 가능하며 카페, 가게 그리고 작은 공원등도 계획이 가능하다.

\\ 힌트:

이런 중정형 계획에서는 코너부위를 특별히 조심하여야 하는데, 이는 구석부분의 자연채광이나 환기가 쉽지 않기 때문이다. 물론 단위주거 내부의 여러 용도도 향을 고려하면서 계획되어야 한다. 고려사항이 너무 많은 경우에는 우선 외부와 내부사이 관계와 향을 먼저 고려한다.

주거자들에 미치는 의미
Implications for occupants

안마당이 외부에서 보호되어 있는 경우 이는 외부의 소음, 배기가스 등에서 보호되어 있으며 시각적으로 차단되어 있을 것이다. 이런 안마당은 보통 반-공공적semi-public이어서 거주자를 위한 자연과 놀이공간 등으로 쓰일 수 있다. 단위주거의 거실이나 침실은 이 조용한 곳을 향하고 입구나 부가적인 방들은 외부 쪽으로 위치시켜 이를 통해 외부의 소음과 간섭에서 벗어날 수 있다. 또 다른 방법으로 이런 도시 블록을 단순히 내부 공간의 골격을 잡아주는 구조로만 보고 필로티나 통로 그리고 다른 개구부를 통해 외부와의 관계를 최대한 열어 도시의 삶을 안으로 끌어드릴 수도 있다.

일렬배치 유형
Building in rows

이 유형은 각각의 건물이나 동일한 건물을 줄 맞추어 나열하는 방식이다. › 그림 44 참고 기본적인 유형으로서는 이렇게 쉽고 간단한 유형이 없겠지만 이 열의 배치를 어떻게 계획하는가에 따라 다양한 배치가 가능하다. 평행배열, 90도 배열, 혹은 사각 배열 등이 고려될 수 있다. 길이와 높이의 차이를 둔 주거동 계획을 통해 복잡한 구성을 만들 수 있으며 그 안에서 훌륭한 공간적 연결을 계획할 수 있다. 앞의 중정형 유형에 비해 일렬배치는 외내부 공간을 명확하게 구분하지 않는다. 만약 이 열들이 모두 평행배열 된다면 사이 공간은 양 끝단 부분에서 항상 열려있다. 열린 끝단을 통해 자연채광이나 환기를 하기 용이하지만 대신 소음이나 먼지, 그리고 바람의 영향을 많이 받으며, 이는 전체 단지의 크기가 클수록 정도가 심해진다. 더하여 주거동 사이의 외부 공간은 내부지향적인 특성이 약한데 이는 언제나 양쪽 끝단이 열려있고 전체 열의 시야도 끝으로 열려있기 때문이다. 하나의 대안으로서 이 열의 열린 끝단 쪽에 90도로 돌려진 다른 주거동을 위치시키는 것이다. 이를 통해 공간적으로 좀 더 닫히고 반-공공적semi-public인 조용한 외부 공간을 가질 수 있다.

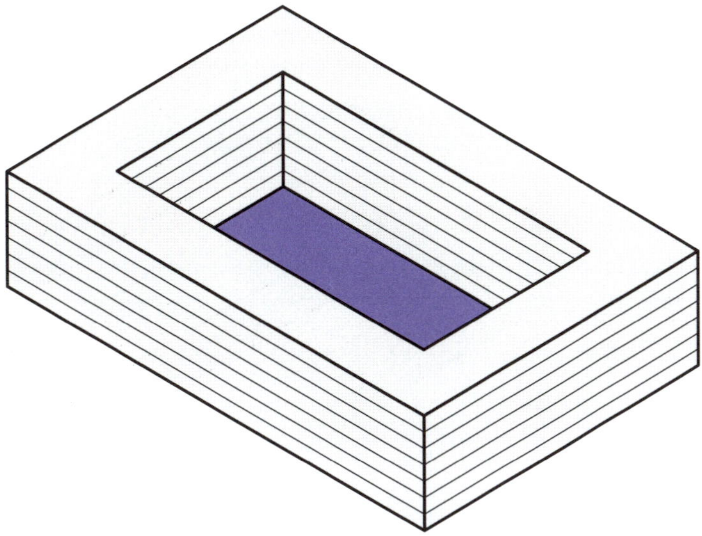

그림 43:
중정형 유형은 내부와 외부 공간을 분리한다.

주거자들에 미치는 의미 Implications for occupants

일렬배치 유형은 동서방향, 혹은 남북방향으로 가능하며 이는 내부 단위주거의 용도배치에 상당히 유리하다. 〉 기본 장의 향(방위) 참고 닫힌 블록의 모서리부분에서 동선이나 자연광, 환기부분에 대해 특별한 신경을 써야 하는 것과는 달리 일렬배치에서는 건물의 끝단부분에 특별한 해결책이 필요하지 않다. 이는 다시 말하면 기본유닛의 평면이 반복가능하다는 의미이다.

블록개발유형이나 일렬배치유형은 도시개발의 시점에서 볼 때 매우 커다란 면적의 대지에 균일적으로 개발하는 모형이라고 볼 수 있다.

개별 주거동 유형 Solitaire buildings

반면에 개별로 개발된 적층 주거 건물은 각각의 건물에서 거리를 두고 지어지며 위에서 언급된 유형보다 더 높거나 긴 경우가 많다. 더 큰 스케일의 이런 개별 건물군은 서로 간에 일관성이 없고 스케일 적으로 비인간적인 공간과 적절한 매개가 없는 환경이 될 가능성이 높다.

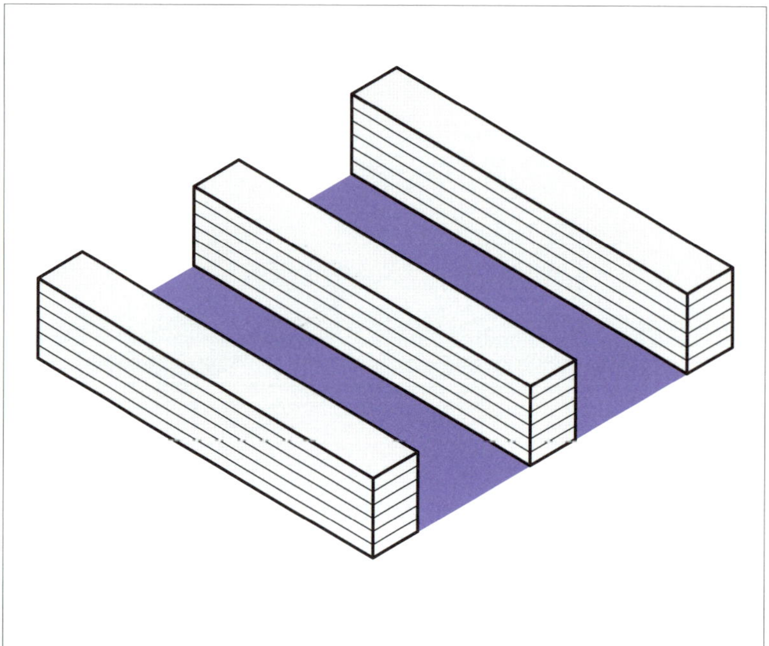

그림 44:
일렬 배치 유형의 예

판상형 블록
Slab blocks

판상형 블록은 상당한 높이와 길이가 있는 선적인 구성의 구조이며 밀집된 형태의 유형을 의미한다. 〉그림 45 왼쪽그림 참고 대량으로 한 곳에 계획되는 경우 많은 슬래브 블록 건물이 모여도 내향적 외부공간을 만들기는 쉽지 않으며 따라서 상당히 디자인하기 힘든 중간 영역들이 많이 생긴다.

대규모 형태
Large forms

슬래브 블록 유형은 합쳐져 더 큰 단지를 이룰 수 있으며 이런 경우 각각으로 계획되고 대규모의 개발 계획의 일부로서 계획되기도 한다. 〉그림 45 중앙 그림 참고 창의적인 기본 형태와 그룹으로 묶는 것을 통해 외부공간을 디자인하는 것이 가능하지만 이에는 한계가 있는데 왜냐면 한 번에 계획되는 규모가 너무 크기 때문이다.

탑상형(타워형) 개발
Point building development

탑상형 거주동은 대지에 자유롭게 개별 건물을 배치하는 것을 의미한다. 〉그림 45의 우측그림 참고 외형의 적절한 디자인은 건물의 3차원적인 특성을 두드러지게 하며 이는 주로 건물의 수직적인 높이를 강조하게 된다. 방향성이 없는 1층 평면

\\ 예:

1947년에 르 꼬르뷔제의 계획으로 프랑스 마르세이유에 지어진 유니떼 다비따시옹은 337개의 주거유닛을 18층 높이의 단일 건물에 포함하고 있으며 점유면적은 138m X 12m이다. 1층은 필로티로 되어있어서 외부공간으로 이용될 수 있다. 7층과 8층에는 다양한 상점과 호텔이 위치하고 있으며 지붕 층에는 유치원, 스포츠홀, 외부무대가 계획되어 있다. 규격화된 생산방식을 통해서 효율과 경제성을 동시에 겸비하도록 계획되었다. 이는 르 꼬르뷔제의 수직적인 도시의 모델에 맞추어 주거와 다른 기능을 복합적으로 "쌓아서" 올리는 계획이었다.

은 건물과 외부공간 사이에 관계를 모호하게 만들며, 건물사이의 거리가 필요하기 때문에 그룹으로 배치되더라도 건물사이 외부공간의 공간적 특성을 다양하게 디자인하기 어렵다.

주거자들에 미치는 의미
Implications for occupants

탑상형 유형은 하나의 고층 건물에 대량의 거주유닛을 계획한다. 동선과 1층 평면의 면적을 최적화하기 때문에 밀집되고 복합적인 계획을 통해 상대적으로 작은 면적 안에서 많은 인구의 생활공간을 만들 수 있게 한다.

각각의 단위주거는 동일한 평면으로 계획될 수도 있고, 다르게 계획될 수도 있다. 하지만 경제적인 이유로 이런 대규모의 주거동은 동일하게 계획되는 경우가 많으며 1층 평면은 상부 단위주거가 바뀌더라도 공통적으로 적용 될 수 있는 평면으로 계획되는 경우가 많다. 단위주거에서 직접적으로 사용할 수 있는 외부공간은 1층 단위주거에서만 가능하다. 상층에서는 발코니나 지붕 테라스를 통해 사적 외부공간을 만드는 것이 가능하다. 멀리 있는 곳까지 보이는 조망은 고층부분의 장점이다. 하지만 단위주거는 어느 층에 위치하는가에 따라 다른 기후조건에 노출된다. 고층 부분의 주거는 높이와 강한 바람 때문에 자연환기에 한계가 있다.

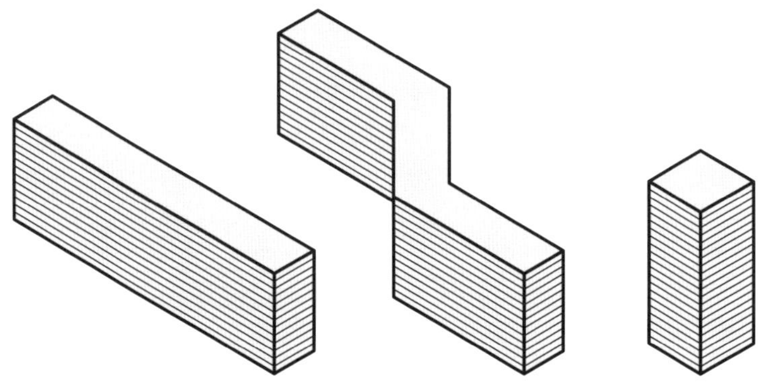

그림 45:
개별 주거동 유형의 건물은 일반적으로 상당히 거대한 고층 개발이며 한 건물 안에 대량의 단위주거를 가진다.

\\ 힌트:

일반적인 동선은 주로 계단으로 사용되지만, 고층의 정도와 건축법에 의해 계단, 엘리베이터 그리고 비상계단으로 만들어진다. 일반적으로 4층 이상의 건물은 엘리베이터를 설치한다. 고층건물의 경우 보통 건축법에서 정한 화재에 대한 대비책 및 피난에 대한 고려를 하여야 한다. 이들에 대한 고려는 디자인이 확정되기 전에 이루어져야 하며 영역구분과 동선의 구성에 상당한 영향을 끼치게 된다.

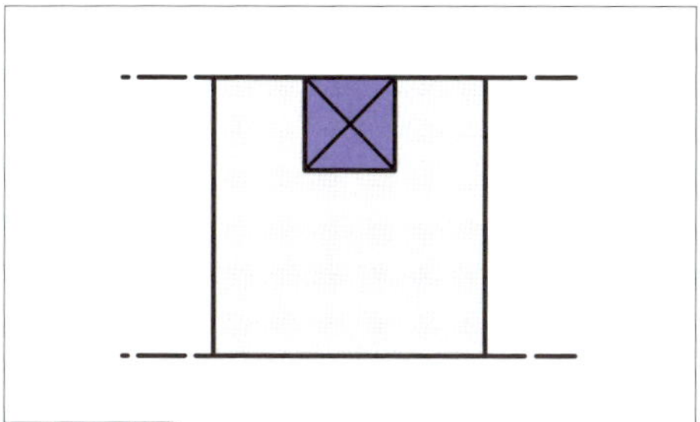

그림 46:
단일 직접 동선 시스템

3.3 동선

단독주택이나 반단독주택에는 자신만의 출입구 및 사적인 내부 동선 구조가 존재한다. 이런 동선을 통해 각각의 주거유닛은 자신만의 출입구 및 주소를 갖게 되며 각 주거단위가 독립적으로 기능하고 전체적 형태에도 영향을 준다. 이런 전적인 사적인 접근은 적층 주거에서도 가능하지만 이는 필요이상의 계단실을 따로 마련하는 것을 뜻한다. 적층주거아파트의 접근 시스템은 아래에 기술되어 있으며 이런 시스템을 통해서 주거동 출입구, 계단 그리고 엘리베이터를 중앙 집중적이고 공공적으로 사용할 수 있게 만든다.

이런 여러 접근 유형에 대한 형식은 다음과 같이 정리된다. 우선 유닛이 계단에 바로 접하고 있는 홀 방식과 복도를 통해서 계단에 접하는 방식이 있다. 두 가지 유형 모두 다층 주거 블록에 쓰일 수 있다. 하지만 복도형은 건물의 장변이 길고 동일한 연결방식을 가지고 있는 경우에만 경제적 가치가 있다.

직접 계단실 홀 방식
Direct staircase access types

몇 개의 단위주거가 중앙연결 영역으로 연결되는 유형을 직접 계단실 홀 방식이라고 한다. 한 층에서 연결되는 유닛이 많을수록 전체적으로 볼 때 더 경제적이다. 같은 계단/홀 하나를 가지고 더 많은 유닛이 연결되기 때문에 더 많은 거주자가 연결영역을 공유하게 되고 이는 동선영역 대 사용영역의 비가 올라가기 때문이다.

단독 직접 연결
Single direct access

단독 직접 연결 유형은 한 층에 단 하나의 단위주거만을 배치하며 이는 면적 효율로서는 비경제적이다. 공공의 계단실이 하나 단위주거에 의해서만 사용되고 따라서 그 공공면적 비용이 소수의 주거유닛에 나누어지기 때문이다. › 그림 46 참고

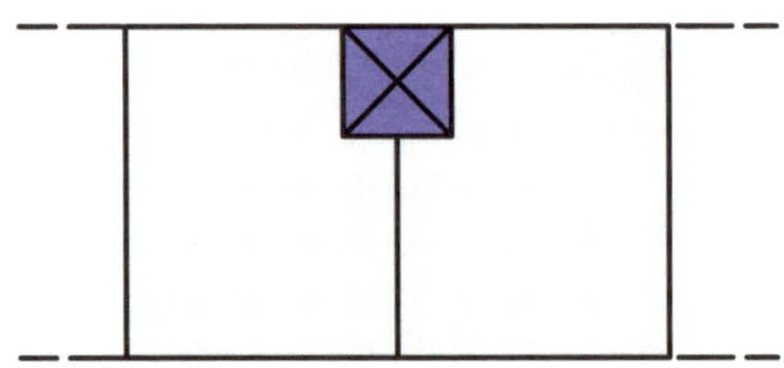

그림 47:
두 단위 주거 직접연결 시스템

이런 유형의 건물은 4층 정도로 제한이 되어 엘리베이터를 설치하지 않는 것이 일반적이다. 장점은 각 유닛의 채광과 환기면에서 자유도가 높다는 것이며 평면계획에 있어서 다른 유닛에 의해 방해받지 않는다는 것이 특징이다.

두 단위주거 직접 연결
Double direct access

두 단위주거 직접 연결 블록은 한 층에 두 주거 유닛을 계획하여 동선공간을 두 가구가 쓰기 때문에 따라서 단일 직접 연결 유형보다는 전용률(전용률이란 전용면적(발코니 면적을 제외한 집안 면적)이 공급면적(전용면적+공용면적)에서 차지하는 비율을 말한다)이 높다. › 그림 47 참고 두 단위주거 평면이 공공동선을 기준으로 거울이미지로 두 유닛의 평면이 뒤바뀌는 것이 가장 합리적이다. 장점은 건물의 한 면에서 다른 면으로의 맞바람(cross-ventilation)이 가능하고, 각 단위주거당 적어도 두 면이상 자연채광이 가능하기 때문에 방의 배치가 용이하다.

세 단위주거 직접 연결
Triple direct access

한 층에 세 주거 유닛이 계획되는 유형이다. › 그림 48 참고 각 단위주거의 크기가 다르고 평면도 다르기 때문에 여러 형태의 가구의 다른 요구들을 충족시킬 수

//힌트:
단독 및 두 단위주거 유형은 맞바람 환기에 의해서 신선한 공기가 쉽게 유입된다. 이 뜻은 공기가 건물의 한 쪽에서 들어와서 다른 쪽으로 나갈 수 있다는 의미이고 따라서 최단의 시간 내에 내부의 공기를 환기할 수 있다. 잠깐의 집중 환기에 의해 공기를 바꿀 수 있다는 것은 최소한의 열기를 빼앗긴다는 뜻이기도 하다.

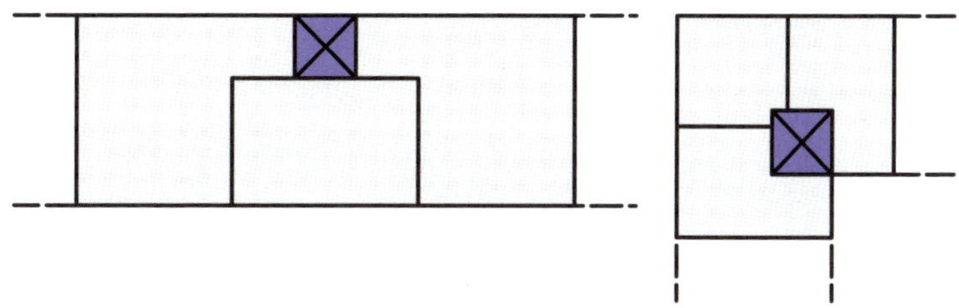

그림 48:
세 단위주거 직접 연결 시스템

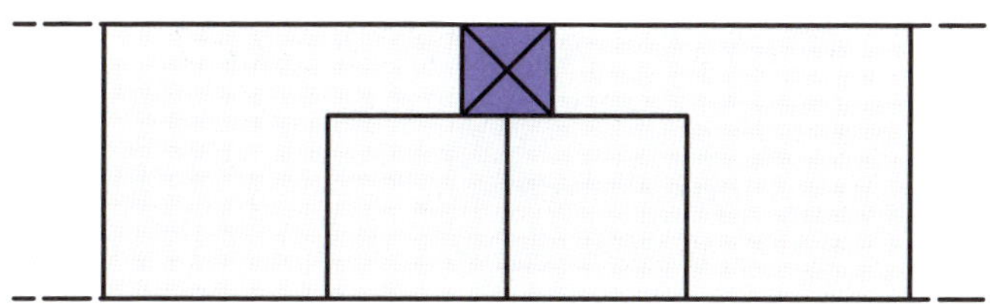

그림 49:
네 단위주거 직접 연결 시스템

있어 하나의 건물에 다양한 가족구성을 수용할 수 있다. 단위주거 간 나눔에 따라 평면은 한쪽만을 주로 바라보게 돼 방의 구성이 어려워질 수도 있다. 맞바람 환기도 제한된다. 세 단위주거 직접 연결 유형은 전체단지에서, 혹은 블록 내에서 주로 구석에 위치하는 건물에 적합하다.

네 단위주거 직접 연결
Quadruple direct access

네 단위주거 직접 연결 유형은 한 층에 단위주거가 네 개 있기 때문에 매우 경제적인 형태이다. › 그림 49 참고 각 단위주거의 크기나 모양은 현저히 다른 방식으로 계획될 수 있다. 크고 작은 단위주거가 한 층에 공존할 수 있다. 세 단위주거 유형에서처럼 유닛의 향이 한 방향만 향할 수 있고 맞바람 환기에 어려움이 있다.

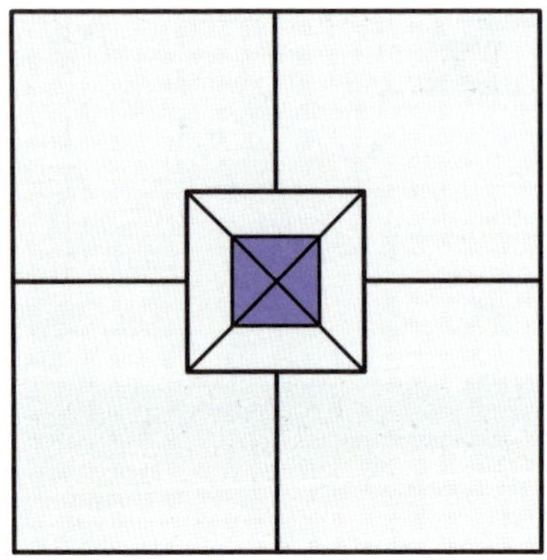

그림 50:
아트리움 블록의 동선 시스템

타워형 유형
Point blocks

타워형 유형은 앞의 언급된 유형처럼 연속으로 배치하기는 힘들다. 이들은 단위주거를 전체평면 중앙의 수직적 코어를 둘러쌓아 계획된다. 단위주거의 크기와 개수는 전체 평면에 의해서 좌우된다. 원칙적으로는 한 단위주거는 두 방향의 외벽과 접하기 때문에 적당한 자연채광과 환기가 가능하지만 이는 4개 이하의 단위주거가 한 층에 있을 때만 허용된다.

아트리움 주거동 유형
Atrium buildings

아트리움 유형은 타워형 유형중 아주 특별한 유형이다. 〉그림 50 참고 이런 유형에서는 빛우물(천창)을 통해 건물의 중앙으로 자연채광이 되지만 햇빛이 닿는 거리가 한정되어 있기 때문에 너무 고층은 곤란하다. 아트리움 때문에 건물 안의 어둡고 매력적이지 않은 공간을 피할 수 있으며 주거유닛의 현관 앞의 반-사적(semi-private) 공간을 두게 되어 여유로운 공간을 계획할 수 있다.

복도 유형
Corridor type

복도가 있는 주거 블록은 복도와 연결된 수직 동선이 있고 여기에 단위주거 사이를 잇는 수평적인 동선을 담당하는 복도가 있는 유형이다.

수직 동선 영역은 중앙에 놓일 수도 있고 건물의 길이에 따라 몇 개가 단위별로 놓일 수도 있다. 만약 복도가 주거동 내에 있는 경우 이를 내부복도라 하며, 외부에 접하는 경우 이를 외부 혹은 열린 복도(차폐된 (지붕이 있는) 통로) 유형이란 한다.

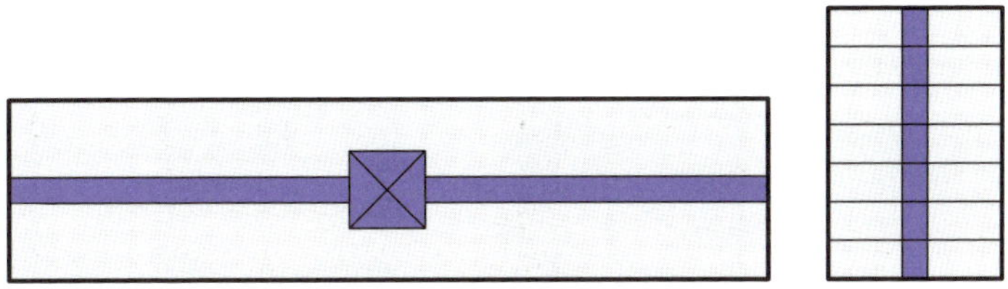

그림 51:
내부복도의 기본적 개념 스케치

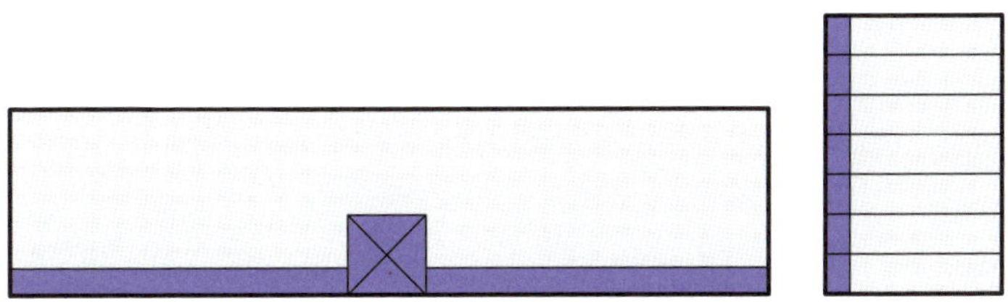

그림 52:
외부복도의 기본적 개념 스케치

내부복도 유형
Internal corridor

내부복도는 효율적인 동선유형인데 건물의 외부를 모두 거주유닛의 채광과 환기에 쓸 수 있기 때문이다. › 그림 51 참고 하지만 내부복도는 자연채광이 거의 불가능하기 때문에 결국 어둡고 길게 느껴져 불편하고 탐탁지 않은 환경이 생긴다. 이런 상황을 피하기 위해 반 – 공공적인 성격의 공간이 적당한 간격을 두고 복도에 접하여 계획될 수 있다. 이 공간이 외부까지 접해 복도 중간 중간에 자연광을 유입하는 것이다. 이런 반 – 공공적인 공간은 계단과 엘리베이터처럼 수직 동선일 수도 있고 대기실이나 만남의 공간으로 쓰일 수도 있다.

외부복도 / 차폐된 통로
External corridor / covered walkway

외부복도는 외부에 접해있기 때문에 채광의 문제가 없으며 유리나 다른 구조 없이 외부에 열려있게 계획된다. › 그림 52 참고 하지만 기후의 문제를 고려해야 하

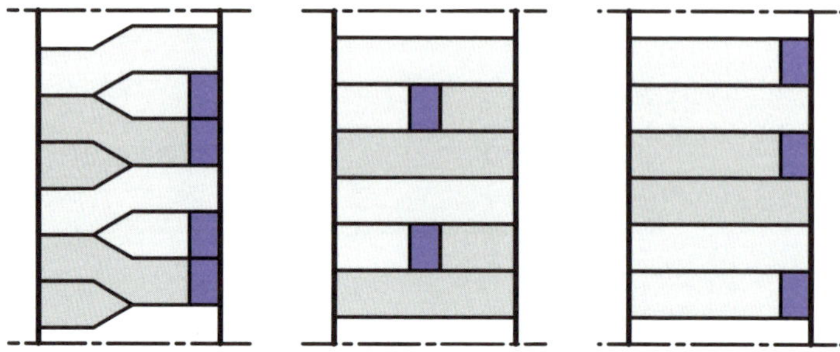

그림 53:
상하층 공용의 복층 아파트 구조(maisonette)를 사용하면 주거면적대비 동선면적의 효율을 높일 수 있다. 또한 복도 때문에 불가능했던 한 유닛이 양쪽 외부에 접할 수 있게 해주며 복층 안에서 다양한 구획이 가능하다., (하지만 거주단위 안에서 수직 동선이 필요하기 때문에 면적의 낭비가 생기기도 한다.)

며 특히 고층인 경우에는 강한 바람과 빙판이 통로의 기능을 저해한다.

수직적 엇갈림 배치 유형
Vertical Staggering

기본적인 아파트에는 각 층에 내부복도나 외부복도가 존재한다. 하지만 이런 유형의 경우 주거 유닛의 한쪽 방향은 복도가 차지하기 때문에 향이 한쪽으로만 향하게 되고 복도쪽은 부가적인 기능을 갖는 공간만이 위치할 수밖에 없다. 이런 경우는 스튜디오형 주거(방이 나누어지지 않은 주거)나 간단한 주거형식에는 적합하다. 만약 주거유닛이 메조넷Maisonette형식으로 주거단위가 복층으로 이루어져 있다면 내부복도, 혹은 외부복도는 한층 건너, 혹은 두층 건너 하나씩만 필요할 것이다. 〉 그림 53 및 기본 장의 공간만들기 참고 이런 경우 우선 동선면적 대비 전용면적은 늘어날 것이고, 건물전체의 깊이로 맞바람cross-ventilation이 가능해진다. 또한 단위주거 안에서 적어도 한층은 두 면에서 외부와 접하게 된다. 물론 메조넷 유형은 단지 복도형 주거에만 한정되지 않는다. 직접 계단 동선 유형이나 복합유형에서도 주거유닛을 두층 이상으로 계획하면 많은 장점이 있다. 메조넷 유형은 작은 두 개의 주거유닛을 합쳐 큰 유닛을 만드는데도 유용하며 특히 지은 지 오래된 아파트는 요구와 필요에 따라 개조시 메조넷을 고려해 볼만하다.

4. 결론

"건축은 인생의 과정을 디자인하는 것이다."

월터 그로피우스

건축분야의 하나로서 주거 계획은 거의 제한 없는 창의적인 가능성을 내포하고 있다. 중요한 인생의 과정을 디자인하는 것은 물론 높은 편안함과 스타일 그리고 현대적인 기술과 소재와 연관되어 있다. 삶의 공간을 만들어 인간의 기본적인 욕구를 충족시키는 거주공간은 빠르고 기술적으로 변하는 시대에서 사람들에게 생의 근원적인 것에 더 관심을 갖고 살 수 있게 만들어 줄 것이다. 거주공간의 의도와 시공방식은 역사를 통해 변해왔지만 어쩌면 가장 중요한 인간 자신은 그리 변하지 않았다. 아직도 거주공간은 인간을 위한 적절한 생활공간을 만든다는 목적에 변화는 없다. 새로운 사고와 새로운 디자인적 방법들은 거주의 역사를 통해 전해 내려온 방식만큼이나 중요하다. 역사 속에서 보인 아이디어와 통찰력, 그리고 많은 시간을 이겨낸 주택유형들은 새로운 아이디어, 새로운 표현 및 기술과 합쳐질 수 있다. 현재 주거의 질은 특히 친환경과 에너지에 많은 연관이 된다. 또한 우리 사회의 인구구성변화 또한 큰 영향을 끼치고 있으며 현실은 이런 변화에 걸맞은 주거를 원하고 있다. 이런 변화에 대응한 모든 방법들의 성공여부는 결국 인간과 인간의 기본적 요구를 충족시키는 가이며 이를 통해 미래에 까지 의미가 있을 것이다. 건축가는 단순히 주거에 필요한 요구를 충족시키는 것을 넘어 삶의 질과 주거의 질에 대해 진지한 질문을 던지고 답을 하여야 할 것이며, 이는 이제까지 익숙한 일반적 주거와 평준화된 주거유형에 대해 의문을 가지는 것에서부터 시작한다. 궁극적인 목표는 사람들의 삶을 규격 안에 넣으려는 것이 아니라 창의적이면서 개개인에 맞는 주거를 디자인 하는 것이다.

역자후기

잘 알고 있는 사물/주제에 대해 새로운 생각을 하는 것이 가장 어려운 것이라는 말이 있다. 무언가를 잘 안다는 것은 그만큼 많은 선입관을 가지고 있다는 뜻이기도 하며 그 개념안의 위계를 정확히 이해 못하는 경우가 허다하기 때문이다. 디자인에 있어서 이런 상황은 치명적이며 특히 주택디자인의 경우 우리가 항상 접하고 생활하는 공간이기 때문에 이 경향은 더 심하다.

처음 이 책을 접했을 때 이 가볍고 얇은 책이 과연 무엇을 줄 수 있을 것인가에 대한 의문은 한줄 한 줄을 읽으면서 깨어졌다. 이제까지 건축수업을 하면서 파편적으로 지적하고 인지되던 사항들을 단순명료하게 종합적으로 기술하고 있었다. 오히려 항상 학생들에게 주택계획 시간에 얘기하는 것들을 잘 정리에 놓아 나 자신도 다시 기본을 점검하는데 많은 공부가 되었다.

또한 이 책은 직접 계획을 하는 디자이너/건축가의 입장에서 쓴 책이라는 것이 아주 중요하다. 이는 단순 열거와 다른 것이며 전체 틀을 가지고 접근하기 때문에 체계적인 생각 정리에 큰 도움을 줄 것이다. 아주 작은 단위 요소와 고려사항에서부터 도시적 밀도를 다루는 장까지 일독을 하고 나면 작은 스케일에서 큰 스케일까지의 고려사항들이 통합적으로 정리가 될 듯하며 명료한 그림과 다이어그램도 많은 도움이 될 것이다.

이 책에서 한 줄로 정리된 인테리어적/건축적 아이디어는 하나의 프로젝트의 주제가 될 정도로 큰 주제를 포함하고 있는 경우도 많아서 일독하면서 천천히 음미하는 것이 더 중요할 듯싶으며 건축학 전공 학생이나 인테리어 전공 학생들에게 많은 아이디어를 제시할 것이다.

교육자 입장에서는 교육자가 가지고 있는 슬라이드를 더해 강의를 한다면 더 좋을 것이고, 학생들의 입장에서는 여기서 문장으로 언급된 유형의 예들을 찾아(무엇을 찾아야 할지를 알려준다는 면에서도 아주 유용하다) 나누어도 좋은 교육효과를 낼 것이다.

번역용어가 애매한 경우에는 원어를 병기하여 혼란을 최소화 하도록 노력하였으며 되도록 전문 용어를 배제하고 일상적인 언어로 번역하려고 노력하였으나 몸에 베인 딱딱한 문체를 숨기기는 힘들다. 독자여러분의 시적 상상력에 도움을 청한다.

남수현

부록

참고문헌

Andrea Deplazes (ed.): *Constructing Architecture*, Birkhäuser Publishers, Basel 2005

Klaus-Peter Gast: *Living Plans,* Birkhäuser Publishers, Basel 2005

Manuel Gausa, Jaime Salazar: *Housing / Single Family Housing*, Birkhäuser Publishers, Basel 2005

Dirk Hebel, Jörg Stollmann (eds.): *Bathroom Unplugged*, Birkhäuser Publishers, Basel 2005

Ernst Neufert, Peter Neufert: *Architects' Data*, 3rd edition, Blackwell Science, UK USA Australia 2004

Périphériques / IN-EX projects: *Your House Now*, Birkhäuser Publishers, Basel 2003

Friederike Schneider (ed.): *Floor Plan Manual*, Birkhäuser Publishers, Basel 2004

Camillo Sitte: *The Birth of Modern City Planning: With a translation of the 1889 Austrian edition of his City Planning According to Artistic Principles*, Dover Publications, USA 2006

Klaus Spechtenhauser (ed.): *The Kitchen* Birkhäuser Publishers, Basel 2005

Marcus Vitruvius Pollio: *Vitruvius: The Ten Books on Architecture*, Cambridge University Press, Cambridge UK 2001

역자 소개

남수현_서울대 · 서울대, 예일대(미)
명지대학교 건축대학 건축학부 교수.

Basics
CAD
설계와 주거공간의 기초

Jan Krebs 저
남수현 옮김

1판 발행 2012년 1월 31일 발행

발행인 겸 편집장 김기현
발행처 시공문화사 ***Spacetime***
등 록 1993년 3월 12일
주 소 서울시 서대문구 현저동 200 극동빌딩 5층
전 화 02) 3147-1212, 2323
전 송 02) 3147-2626
ISBN 978-89-5592-208-0
http://www.spacetime.co.kr
spacetime@korea.com

정가 9,500원

최근의 건축 법규들과 기준들, 그리고 재료와 기술에 있어서의 발전들을 그 기초로 활용함으로써, 이 책은 터파기와 기초공사부터 내 · 외장 마감공사까지 전 범위의 시공 활동들을 다루며 경량 목조 프레임, 조적조 내력벽, 철골, 그리고 철근콘크리트 구조와 같은 일반적인 시공 체계들을 살펴본다.

FIFTH EDITION

건 축 설 계 자 를 위 한

건축시공 및 재료학

Fundamentals of Building Construction

Edward Allen and Joseph Iano 지음 이한승 대표역자

WILEY Spacetime